喷射成型8009耐热铝合金组织性能及热加工工艺研究

张荣华　马劲红　崔　岩　姬爱民　著

北　京
冶　金　工　业　出　版　社
2014

内 容 简 介

本书主要介绍了喷射成型8009耐热铝合金成分、组织随温度的演变规律、合金的热变形行为以及合金的后续致密化工艺，为制备出性能合格的耐热铝合金坯件提供技术支持。全书共分7章，主要内容包括：快速凝固耐热铝合金、快速凝固Al-Fe-V-Si系耐热铝合金的制备方法、喷射成型8009耐热铝合金组织性能测试及热加工工艺实验、喷射成型8009耐热铝合金沉积态组织和性能的研究、喷射成型8009耐热铝合金塑性变形行为研究、喷射成型8009耐热铝合金挤压成型工艺研究、喷射成型8009耐热铝合金锻造致密化工艺研究。

本书主要供从事喷射成型研究的研究人员、技术人员阅读，也可供大专院校有关专业师生参考。

图书在版编目(CIP)数据

喷射成型8009耐热铝合金组织性能及热加工工艺研究/张荣华等著. —北京：冶金工业出版社，2014. 8

ISBN 978-7-5024-6646-6

Ⅰ. ①喷…　Ⅱ. ①张…　Ⅲ. ①耐热铝合金—研究
Ⅳ. ①TB331

中国版本图书馆CIP数据核字（2014）第167643号

出 版 人　谭学余
地　　址　北京市东城区嵩祝院北巷39号　邮编　100009　电话　(010)64027926
网　　址　www. cnmip. com. cn　电子信箱　yjcbs@ cnmip. com. cn
责任编辑　常国平　美术编辑　杨　帆　版式设计　孙跃红
责任校对　王佳祺　责任印制　牛晓波
ISBN 978-7-5024-6646-6
冶金工业出版社出版发行；各地新华书店经销；北京百善印刷厂印刷
2014年8月第1版，2014年8月第1次印刷
148mm×210mm；4. 375印张；129千字；130页
26. 00元

冶金工业出版社　投稿电话　(010)64027932　投稿信箱　tougao@cnmip. com. cn
冶金工业出版社营销中心　电话　(010)64044283　传真　(010)64027893
冶金书店　地址　北京市东四西大街46号(100010)　电话　(010)65289081(兼传真)
冶金工业出版社天猫旗舰店　yjgy. tmall. com
（本书如有印装质量问题，本社营销中心负责退换）

前　言

耐热铝合金具有良好的室温及高温力学性能、耐蚀性能及成本低等优点，耐热铝合金的研究开发始于20世纪70年代，经过几十年的发展，先后研究开发了Al-Fe基、Al-Cr基、Al-Ni基等系列耐热铝合金，其中以美国联合信号（Allied Signal）公司开发的Al-Fe-V-Si系列耐热铝合金最具有应用前景，目前已经在西方发达国家的军事领域获得应用，主要应用于制造飞机蒙皮和轮毂锻件、发动机零部件、火箭用的薄厚板和锻件、导弹的尾翼、波音飞机的着陆齿轮等。目前，在实际中获得应用的该系列耐热铝合金均是通过平流铸造/粉末冶金（PFC/PM）工艺制备的，存在着工艺流程长、成本高、氧含量不易控制等缺点。从20世纪80年代开始，国内外研究人员开始探索利用喷射成型技术制备耐热铝合金，并取得了一定的进展。本书通过对喷射成型8009耐热铝合金的组织演变规律及锻造成型工艺的研究，制备出具有优良综合性能的耐热铝合金材料。

利用PFC/PM工艺制备的Al-Fe-V-Si系耐热铝合金，在组织上的主要特征就是在合金基体上弥散分布着细小的、单一的球状α-Al_{12}（Fe，V）$_3$Si耐热相。这种耐热相具有良好的高温稳定性，是材料在高温条件下保持较高强度的根本所在。在喷射成型过程中，由于冷却速度相对较低，合金中除了形成球状α-$Al_{12}(Fe,V)_3Si$耐热强化相外，还形成了一些其他的高温不稳定的第二相。随着温度的升高，这些高温不稳定相可能会发生聚集、长大、多边形化等，甚至转变为有害的θ-$Al_{13}Fe_4$等平衡相，导致合金的性能下降。

喷射成型8009耐热铝合金坯件的相对密度只能达到95%，必须经过进一步的致密化加工才能获得实际应用。常用的致密化工艺包括热挤压和热锻造。利用热挤压工艺制备的合金材料，缺陷消除彻底，能够获得良好的力学性能，但在实现大规格致密件方面存在着一定的难度；锻造工艺的致密化程度虽然低于热挤压工艺，但能弥补热挤压工艺在制备大规格致密件方面的不足，因此受到众多研究人员的重视。

本书主要介绍了喷射成型8009耐热铝合金成分、组织随温度的演变规律、合金的热变形行为以及合金的后续致密化工艺，为制备出性能合格的耐热铝合金坯件提供技术支持。

本书第1~4章由张荣华撰写，第5章由张荣华、马劲红撰写，第6章由张荣华、崔岩撰写，第7章由张荣华、姬爱民撰写。

由于作者水平所限，加之时间仓促，书中不足之处，恳请广大读者和专家批评指正。

作　者

2014年5月于河北联合大学

目　　录

1 快速凝固耐热铝合金

1.1 快速凝固耐热铝合金研究开发

铝合金具有密度小、比强度高、耐腐蚀等优点，广泛用于军工和民用部门。航空航天及军事工业等领域的发展，对铝合金的各项性能要求越来越苛刻，不仅要有高比强度、高比硬度、强耐蚀性，还要具有更优良的高温稳定性能。但是传统的铝合金材料，如2000系列和7000系列的高强铝合金，只能在170℃以下使用，在高温条件下，由于合金中的强化相发生严重粗化而导致性能下降，使得大多数常规铝合金材料丧失了应用的可能性[1]。某些铸造铝合金耐热强度虽然可能比变形铝合金高，但其塑性加工性能差，而且耐蚀性差。目前，在航空航天、军工领域，绝大部分耐热部件是用耐热钢和钛合金制备的，这不利于减轻飞行器的重量和降低制造成本。自20世纪70年代以来，随着快速凝固粉末冶金技术的发展，研究人员开始对耐热铝合金进行广泛和深入的研究，并开发了一系列快速凝固粉末冶金耐热铝合金，如Al-Fe、Al-Cr、Al-Ni、Al-Fe-Ce、Al-Fe-Mo-V、Al-Fe-V-Si系等。这些铝合金的有效使用温度扩展到了300℃以上（图1-1）[2]，因而极有希望取代传统上在300~400℃耐热合金中占统治地位的钛合金，成为航空航天、军工领域结构材料的首选合金[2]。因此，研制耐热强度高、耐腐蚀性能好，同时又有良好加工性能的铝合金，对于军工和民用（尤其是航空航天）均有重大意义。

快速凝固耐热铝合金的最初研究工作始于20世纪70年代。快速凝固耐热铝合金由于具有优良的性能，广阔的应用前景，在全球范围内一直受到广泛的重视。它们大多以Al-Fe、Al-Cr、Al - Ni等为基，再添加Ce、Mo、V、W、Zr或其他过渡族元素，以获得稳定而弥散

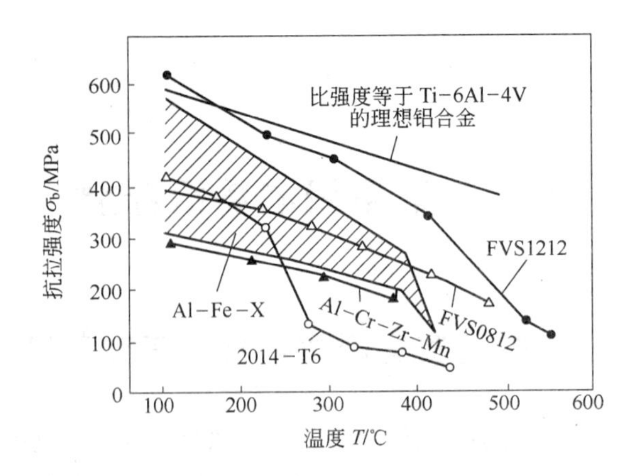

图 1-1　快速凝固耐热和常规铝合金屈服强度与温度关系曲线

分布的亚稳第二相粒子。迄今为止，研究较成熟的快速凝固耐热铝合金可以分为四大类[3]：以 Al-Fe-Ce 和 Al-Fe-Si 合金为代表的 Al-Fe 系合金；以 Al-Cr-Zr（-Mn）合金为代表的 Al-Cr 系合金；以 Al-Ti-Zr-V 合金为代表的析出相/基体界面能低的耐热铝合金；以 Al-Mn-Si 和 Al-Cr-Y 为代表的含高体积分数强化相颗粒的耐热铝合金。其中 Al-Fe 系研究得最为成熟。

1974 年，G. Thursfield[4] 研究了 Al-Fe 二元系及 Al-8Fe-X 三元系（X 为 Cr、Mn、Zr 等），制取了强度较高的材料。从此快凝 Al-Fe 基、Al-Cr 基耐热铝合金的研制工作迅速展开，并于 20 世纪 80 年代中期先后提出了 Al-Fe-Cr、Al-Fe-V-Si[5] 等系列快速凝固耐热铝合金。

美国 Alcoa 公司对 Al-Fe-Ce 三元合金研究较早。Alcoa 公司采用平流铸造法（PFC）制备出薄带或细线，然后将它粉碎成 250μm 的粉末，采用挤压或轧制方法固结成型制得型材，其中以 CU78（Al-8Fe-3.4Ce）、CZ42（Al-7Fe-6Ce）和 Al-8.4Fe-7Ce 为代表[6]。这三种合金已经投入商业化生产。此外，Pratt and Whitney 公司开发了 Al-Fe-Mo系耐热铝合金，如 Al-8Fe-2Mo[4]。

在上述较成熟的合金中，最为引人注目的是由美国 Allied Signal 公司采用平流铸造工艺研制开发的 Al-Fe-V-Si 系耐热铝合金，三种最新的 Al-Fe-V-Si 合金 FVS0812（Al-8.5Fe-1.3Fe-1.7Si）、FVS1212

（Al-12.4%Fe-1.2%V-2.3Si）和 FVS0611（Al-5.5%Fe-0.5%V-1.1Si）被认为最有工业应用前景[7,8]。

国内对耐热铝合金的研究起步较晚，但自 20 世纪 80 年代后期以来，该领域的研究工作一直十分活跃。中南大学先后对 Al-Fe-Ce 和 Al-Fe-V-Si 系耐热铝合金的制备工艺、组织和性能等进行了初步探讨[9]；郑州大学则侧重于对 Al-Fe-Ce 和 Al-Fe-V-Si 系耐热铝合金的显微组织与热历史的研究[10~12]；北京有色金属研究总院利用喷射成型技术制备了 Al-Fe-V-Si 耐热铝合金，并与北京科技大学合作，在合金中添加 TiC 颗粒进行增强，提高了合金的性能[13]；中科院金属研究所结合快速凝固耐热 Al-Fe 系合金的制备，对耐热铝合金的微观组织和性能进行了分析与探讨[14,15]。

1.2　快速凝固耐热铝合金的应用

在相当一段时间里，快速凝固耐热铝合金研究目的明确，主要针对航空航天用飞行器的耐热零部件，如飞机轮毂、火箭壳体、导弹尾翼、航空发动机叶片等。总体上，要求材料具有良好的室温、高温强度与塑性。然而，对于飞机、航空发动机的结构件，要求在 315℃，保留 10000h，室温、高温性能几乎无损失，而火箭、导弹飞行时间短、速度快，表面驻点温度达 225~425℃，对高温短时强度提出了更高的要求[16~22]。

快速凝固耐热铝合金在美国已进入商业化应用阶段，达到工业化生产水平，已开发制造了包括薄板、挤压件以及锻件等一系列产品。研究表明，以快速凝固耐热铝合金替代钛合金在飞机和导弹上应用，可以明显地减轻飞行器重量，降低成本。以飞机发动机为例，可减轻重量 15%~25%、降低成本 30%~50%、提高运载量 15%~20%，经济效益可观[16~23]，满足了现代科技对新型材料提出的“高性能、高可靠性、低成本”的要求。

除了航空航天领域外，快速凝固耐热铝合金在其他工业领域也有广泛的应用前景。如用以制造常规铝合金无法服役的汽车发动机活塞、连杆等高温构件，其目标性能还不明朗，但可预计大致与航空发动机的相似。

目前，快速凝固耐热铝合金的产品主要有挤压管、棒、型材、轧制薄板与厚板、大型锻件、轧环、线材以及旋压封头等产品，用来制造如飞机机翼、机身等结构件、大型轮毂、导弹壳体与尾翼、航空发动机气缸、轻质铆钉与紧固件，以及汽车的活塞、连杆等耐热零部件。图 1-2 为美国 Allied-Signal 公司研制的 PFC Al-Fe-V-Si 合金（FVS0812）导弹尾翼与锻环。快速凝固耐热铝合金日趋成熟，将在航空航天、交通运输等领域得到广泛的应用。

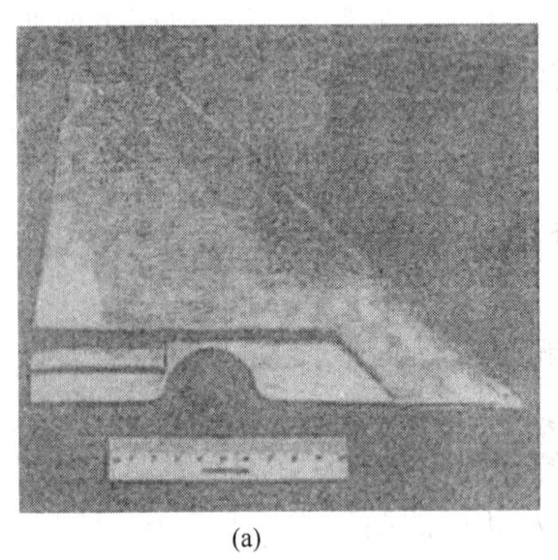
(a)

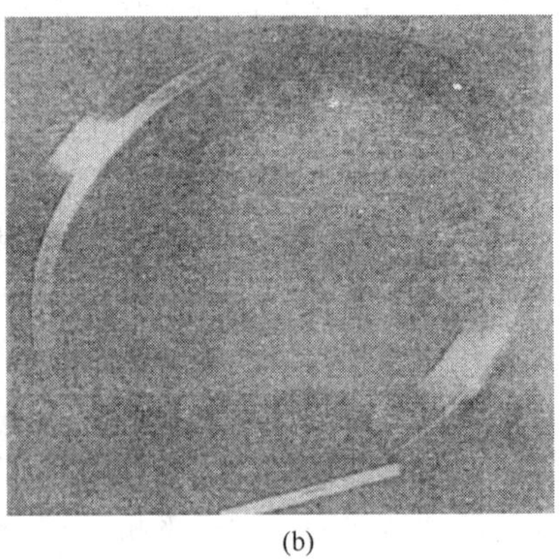
(b)

图 1-2 美国 Allied-Signal 公司研制的快速凝固
PFC Al-Fe-V-Si 合金（FVS0812）制品[21]
（a）导弹尾翼；（b）锻环

1.3 快速凝固 Al-Fe-V-Si 系耐热铝合金的组织结构

快速凝固 Al-Fe-V-Si 合金最早是由美国 Allied-Signal 公司研究发现的。由于 Fe 和 V 在铝中的固溶度低且扩散系数小，故选择了 Al-Fe-V合金进行研究[24]。在研究过程中，发现其中某个炉次合金的耐热性能明显好于其他炉次，进一步分析发现，该合金中的硅含量比其他合金明显高。对合金的熔炼过程分析，在使用含 SiO_2 的坩埚进行熔炼时，SiO_2被还原成 Si 进入了铝液。Si 进入铝合金后，形成了

α-Al_{12}(Fe，V)$_3$Si，而 Al-Fe-V 三元系的其他合金中却没有这种析出物[25]。均匀析出的硅化物α-Al_{12}(Fe，V)$_3$Si 是一种弥散强化相，它使合金具有很好的高低温综合性能。这样的偶然发现让 Al-Fe-V-Si 这种优异的快速凝固耐热铝合金进入了材料学家的视野。

1.3.1 Al-Fe-V-Si 系耐热铝合金中的主要强化相

快速凝固耐热铝合金研究的基本原理：采用大量的在铝基体中具有极小的平衡极限固溶度和极小的固态扩散系数的过渡族元素 Tm（包括 Fe、Ti、V、Cr、Mn、Co、Ni、W、Zr、Mo、Nb、Co 等），有时也加入一定量的 Si 或稀土元素，进行合金化，通过平面流铸造，熔体雾化、喷射沉积等快速凝固技术，也可采用机械合金化，实现其高合金化的目的，尽可能地获得高度合金化的完全过饱和固溶体，并在随后的加热、固结过程中控制过饱和固溶体的脱溶和第二相颗粒的粗化，获得“在亚微米量级的铝基体上均匀地分布着体积分数高达15%~40%的纳米量级金属间化合物颗粒”的理想典型组织。这样，合金组织具有良好的热稳定性，且可以充分发挥弥散强化、细晶强化和固溶强化效应，从而使材料获得高强、耐热、耐蚀等一系列优异性能[26~34]。

快速凝固 Al-Fe-Si 系合金中含有亚稳相 $Al_{12}Fe_3Si$，晶体具有良好的对称性，多呈球形；但其结构不稳，易转化成单斜 $Al_{13}Fe_4$ 和六方 Al_8Fe_2Si 相。然而通过加入第四组元（如 W、Cr、Mo、Mn、Nb 等）部分替代 Fe 原子[35~38]，形成 Al_{12}(Fe，X)$_3$Si 型化合物，从而使硅化物结构稳定性和抗粗化能力均大大提高。以添加 V 的作用最为显著。

快速凝固 Al-Fe-V-Si 合金中主要强化相为 Al_{12}(FeV)$_3$Si 硅化物，体心立方晶格，a=1.260nm，空间群 I_{m_3}，其结构描述如图 1-3[39]所示。空心（Fe+V）正二十面体位于体心立方点阵的阵点上，互相平行，每个正二十面体都沿着平行于（111）方向的三重轴与 8 个近邻相连，连接原子形成一个略有压缩畸变的（Fe+V）八面体，每个（Fe+V）二十面体中含有一个空心（Al+Si）正二十面体，具有与（Fe+V）二十面体相同的取向，它们也由三个略有畸变的（Al+Si）

八面体所构成并相互连接。然而，8 个可能的正二十面体近邻中只有 5 个通过这样的八面体连接，余下的（Al+Si）占据原始立方面位置，从而保持其 bcc 对称性。该硅化物的化学成分会随合金的 Al/Si 比和 Fe/V 比不同而发生变化，相应地会使晶体点阵常数有所变化，相的粗化率也有所变化，但随 Fe/V 的不同，$Al_{12}(Fe, V)_3Si$ 的粗化率在 $8.4\times10^{-27}\sim2.9\times10^{-29}m^3/h$ 范围内。有人认为可能存在一种与 $Al_{12}(Fe, V)_3Si$ 构造相同的 $Al_{12}(Fe, V)_{3\sim5}Si$，其粗化率为 $8.4\times10^{-27}m^3/h$。另外也有文献指出，该硅化物应为 $Al_{12\sim14}(Fe, V)_{3\sim5}Si$，其中，Fe/V=5~11.5，立方结构，点阵常数随成分不同而不同，在 1.2587~1.2620nm 之间[20,39,40]。因此，在实际合金成分设计时，通常可通过 Al/Si 比和 Fe/V 比的控制，获得理想、稳定的硅化物颗粒。

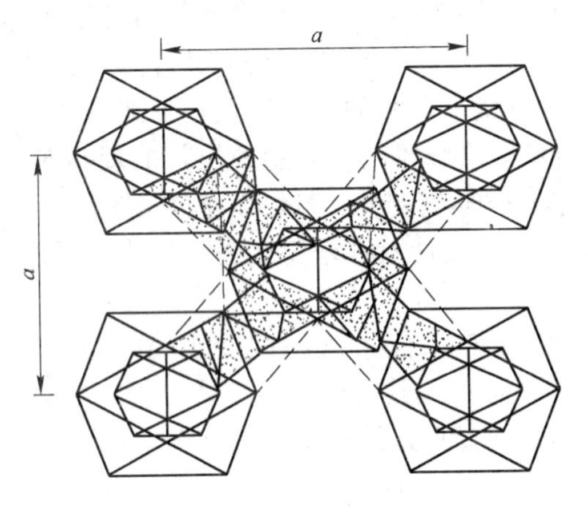

图 1-3 $Al_{12}(FeV)_3Si$ 结构示意图

细线—（Al+Si）；粗线—（Fe+V）

快速凝固 Al-Fe-V-Si 合金通常需含 10%~15%的过渡族元素，而欲获得组织状态良好的快速凝固初级产品，通常要求冷速较高。在快速凝固 Al-Fe-V-Si 合金中 $Al_{12}(Fe, V)_3Si$ 质点十分细小，主要是由快速凝固过饱和微胞枝晶、微共晶或二十面体准晶分解而来。因此，快速凝固 Al-Fe-V-Si 合金通常需采用平面流铸造法或冷速较大的雾化法来实现其快速凝固，减少或消除由粗胞结构或粗共晶组织构成的分区组织，即在光学显微镜下，近乎完全均匀的呈光学无特征形态的“A

区”组织；在电镜下，多为微胞状/微枝晶组织，铝基体为 Fe-V-Si 固溶体，胞间区域则为任意取向的 10~30nm 的硅化物颗粒。只有这样，经合适加工才能形成含单一立方结构的细小、均匀弥散第二相 $Al_{12}(FeV)_3Si$ 颗粒的理想组织的材料。但在实际生产中不可避免地会出现一些其他的热稳定性较差的耐热相。

1.3.2 Al-Fe-V-Si 系耐热铝合金中的热稳定性

$Al_{12}(Fe,V)_3Si$ 硅化物的粗化率要比其他 Al-Fe-X 系中强化相的粗化率低 4 个数量级，这主要得益于该化合物与铝基体的相界为低界面能共格界面。这种低界面能共格界面的形成一方面归因于硅化物晶格常数接近于铝基体的三倍（a_0=0.4049nm）；另一方面，也与其特别的晶体结构有关，连接（Al+Si）正二十面体的八面体链位于硅化物晶体的｛112｝面上，大小与铝基体的八面体尺寸相当，因此，两者局部具有良好匹配，而以 5 轴对称排列，形成高度重合阵点的界面，硅化物｛112｝面夹角与铝基体｛222｝面夹角相等，均为 109.47°。因此，D. I. S. Kinner 认为硅化物和铝基体存在着如下取向关系：｛112｝硅化物//｛111｝铝基体，<111>硅化物//<110>铝基体。但徐永波认为位于硅化物与铝基体的界面处含 50A 原子的非晶层，表现为不确切的取向关系，而晶内则有确切的取向关系：｛110｝硅化物//｛110｝铝基体，<110>硅化物//<111>铝基体[41,42]。

关绍康[43,44]等人也对快速凝固 Al-Fe 基合金的原始条带及退火组织进行了 TEM 分析。原始条带截面组织按准晶可分为三个区域：无准晶区、准晶形成区、准晶分解区。在 698K 保温 1h 发现中间区的准晶开始晶化，组织形貌类同铸态组织的准晶分解区，说明原始组织中准晶相的晶化是在凝固过程中由于结晶潜热的释放而进行的，并且准晶的晶化始于准晶相与基体界面处。J. C. Lee，S. Lee[45]等对 Al-8.5Fe-1.3V-1.7Si（质量分数,%）进行热暴露实验，在 427℃暴露 100h 后室温拉伸性能保持基本不变，在超过 427℃以后，拉伸性能突然下降，脆性断口出现。在 482℃暴露 100h 在拉伸断口可以观察到 $Al_{13}Fe_4$ 生成。脆性断口的出现是由于粗化的 $Al_{13}Fe_4$ 相的出现，这可能在 427℃以上高温时由粗大的硅化物弥散体转变而成。

众多的研究表明，快速凝固 Al-Fe-V-Si 合金以仅存在 α-Al 固溶体和第二相 $Al_{12}(Fe, V)_3Si$ 硅化物，其韧性、塑性为最佳，而这种两相（$Al+Al_{12}(Fe, V)_3Si$）材料的强度、耐热性通常随着硅化物体积分数提高而提高，该硅化物线膨胀系数约为 $1.16\times10^{-6}K^{-1}$，这使得其相应的合金在 300~650K 温度范围里的线膨胀系数与 4000 系高硅铝合金的相当，而且具有良好的比刚度，只是韧性和塑性则呈下降趋势。在选择制造高强、高模量、高耐热性组合的构件时，FVS0812 和 FVS1212 在保证韧性、塑性时是一种优秀的材料。

1.4　Al-Fe-V-Si 系耐热铝合金的性能和应用

1.4.1　Al-Fe-V-Si 系耐热铝合金的性能

Al-Fe-V-Si 系耐热铝合金是一种弥散强化合金，有着良好的室温、高温综合性能，其理化特性和力学性能分别见表 1-1 和表 1-2。

表 1-1　Al-Fe-V-Si 系耐热铝合金的理化特性[43]

合金成分	密度 $/g\cdot cm^{-3}$	线膨胀系数 $/K^{-1}$	热导率/W·$(cm\cdot K)^{-1}$	电阻率μ /Ω·cm	弥散强化相体积分数 /%
Al-8.5Fe-1.3V-1.7Si	2.92	22×10^{-6}	1.05	6.3	27
Al-6.5Fe-0.6V-1.3Si	2.83	24.6×10^{-6}	—	—	16
Al-11.7Fe-1.3V-1.7Si	3.02	21.6×10^{-6}	0.88	—	36

表 1-2　Al-Fe-V-Si 系耐热铝合金力学性能[3]

合金	方向	温度 /℃	屈服强度 $\sigma_{0.2}$/MPa	抗拉强度 σ_b/MPa	伸长率 δ_5/%	弹性模量 E/GPa
FVS0812 挤压材	L	24	390	437	10	88.4
	T		387	440	10	
FVS0812 轧制材	L	150	340	372	7	83.2
	T		335	372	5	
	L	204	312	341	8	73.1
	T		307	344	7	

续表 1-2

合金	方向	温度/℃	屈服强度 $\sigma_{0.2}$/MPa	抗拉强度 σ_b/MPa	伸长率 δ_5/%	弹性模量 E/GPa
FVS0812 轧制材	L	315	244	261	9	—
	T		244	280	11	
FVS1212 挤压材	L	24	605	636	8.7	95.5
	L	150	486	505	3.5	86.2
FVS1212 板材	L	230	432	443	3.3	82.8
	L	345	276	286	6.7	78.6
	L	450	133	147	8.9	—

注：FVS0812：Al-8.5Fe-1.3V-1.7Si；FVS1212：Al-11.7Fe-1.15V-2.4Si。

Al-Fe-V-Si 系合金优良的高温稳定性是由于它的硅化物粗化率比 Al-Fe-X 中典型的金属间化合物都低。

由于 Al-Fe-V-Si 系合金中生成的硅化物体积分数高、尺寸小、分布均匀，故弹性模量显著提高，FVS0812 和 FVS1212 合金的杨氏模量分别为 88GPa 和 97GPa，分别比常用航空铝合金约高出 15% 和 30%，如图 1-4 所示[10]。

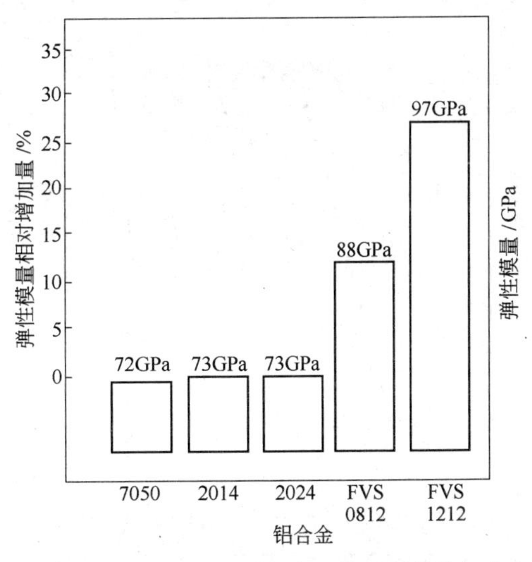

图 1-4 FVS0812 和 FVS1212 合金弹性模量与其他铝合金的比较

在 Al-Fe-V-Si 系铝合金中存在中温脆性区（图 1-5），且随着变形速度的增大，脆性区温度也升高[11]。有文献［12］报道，Al-Fe-V-Si 系合金的应力指数 n 在 200~250℃附近数值发生突变（图 1-6），由此推测在 200~250℃温度区间上下两侧的材料有着不同的强化机制。通常认为在中低温状态（<200℃）时，合金的强化机制主要有：（1）奥罗万机制；（2）晶粒细化机制；（3）固溶强化机制。

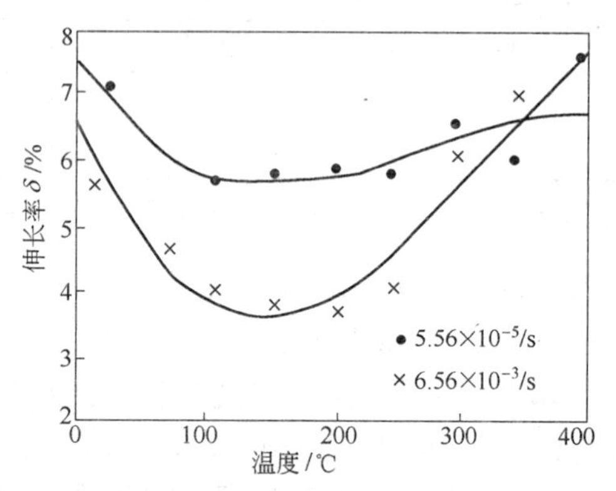

图 1-5 伸长率与温度关系曲线

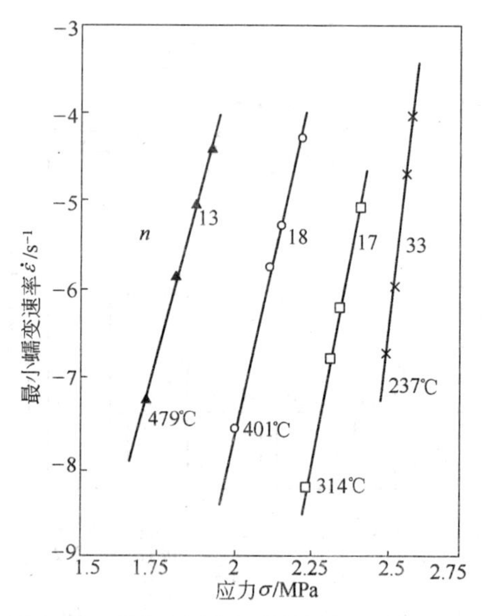

图 1-6 不同温度蠕变速率与应力关系曲线

由于 Al-Fe-V-Si 合金在快速凝固条件下生成只含细小的立方结构的硅化物，而不是脆性的片状金属间化合物，因而具有较高的强度和良好的断裂韧性[10]。微量元素的添加对 Al-Fe-V-Si 合金的组织性能产生了一定的影响，P. Schumacher 等人研究了在 $Al_{70}Fe_{13}Si_{17}$（质量分数,%）中加入 Al-Ti-B 晶粒细化剂，加入量为 $\{[Al(1-a)Ti_x]_{70}Fe_{13}Si_{17}\}_{99.88}+[TiB_2]$，$X=0.05$。通过比较在 Al-Y-Ni-Co 和 Al-Fe-Si 合金中 a-Al 形核机制，两者大体相似：形核发生在硼化物的表面，并在硼化物周围存在富钛层。但在 Al-Fe-Si 合金中更为复杂，在硼化物周围还存在无特征沉淀相区[46]。在 Al-Fe-Si 合金中加入 Be 元素，可使 Al-Fe-Si 相转变为球状；加入 Co 元素，可使 Fe 相化合物分散为球状和枝状；加入 Mn 元素，会使 Fe 转变为汉字状、花朵状；加入 Ti 元素，可使针状 Al-Fe-Si 相尺寸增大[47]。

沈军等采用 TEM 观察了快速凝固 Al-Fe-V-Si-Zr-Ti 合金粉末组织结构。在小于 41μm 的粉末中有两种类型的由球状相和胞晶组成的组织，50~61μm 的粉末中某些区域有片状组织存在，小于 61μm 的粉末中只存在 $Al_{12}(Fe,V)_3Si$ 和 $Al_3(Zr,Ti)$ 相[48,49]。

K. L. Sahoo 等讨论了加镁处理和未处理的 Al-8.3Fe-0.8V-0.9Si 合金随温度变化的力学性能。一般而言，经过挤压和热轧之后，合金性能均有所提高。没处理的合金硬度可保持到 200℃，但在 250℃长时保温后硬度降低。加镁处理后的合金性能比没处理的要高[50]。

庞华、邓江宁等用非均匀形核理论计算了在快凝过程中 $Al_{12}(Fe,V)_3Si$ 和 Al_8Fe_4Nd 的起始形核温度和形核过冷度。在相同的冷却速度下，亚稳相 Al_8Fe_4Nd 形核孕育期短，并且满足优先形核的动力学条件析出，$Al_{12}(Fe,V)_3Si$ 相被抑制。快凝 Al-Fe-V-Si-Nd 合金薄带在加热过程中亚稳的 Al_8Fe_4Nd 相向 $Al_{12}(Fe,V)_3Si$ 相转变，并用 Avrami 公式计算了 Al_8Fe_4Nd 相的分解激活能 E，为 1.61+0.12eV。研究表明，亚稳相 Al_8Fe_4Nd 向 $Al_{12}(Fe,V)_3Si$ 相转变的过程是由原子体扩散和原位扩散共同控制的[51~54]。贾威、邓江宁等认为快凝 Al-Fe-V-Si-Nd 合金结构随热处理温度而变化，先是出现元素偏聚现象，而后 Al_8Fe_4Nd 相开始溶解，同时 $Al_{12}(Fe,V)_3Si$ 相析出。并测量了时效处理后的样品的力学性能，出现类似传统铝合金时效硬化的现象[55]。肖于德、Subhash C 等研究了 Er 对 Al-Fe-V-Si 合金组织和性能的影响[56~60]。

1.4.2 8009(Al-8.5Fe-1.3V-1.7Si) 耐热铝合金的性能

美国牌号 8009 耐热铝合金，其成分范围与 FVS0812 合金相似（Fe：8.4~8.9%，V：1.1%~1.5%，Si：1.7%~1.9%，其余为 Al)，密度为 $2.88\times10^3 kg/m^3$，低于常规钛合金。该合金具有良好的室温及高温强度、热稳定性，高温性能在 300℃左右可与钛合金相媲美，可以部分取代钛合金在航空航天领域的应用，具有广泛的应用前景。8009 耐热铝合金的性能介绍如下：

（1）力学性能。表 1-3 为 8009 耐热铝合金挤压件的力学性能，表 1-4 为 8009 耐热铝合金锻件的力学性能，可以看出该合金在挤压态和锻态都具有良好的力学性能。

表 1-3 8009 耐热铝合金挤压件的力学性能[2]

性能	方 向	FVS0812（8009）	FVS0611	FVS1212
极限抗拉强度 σ_b/MPa	L	469	311	593
	T	480	—	612
屈服强度 σ_s/MPa	L	434	258①	548①
	T	439	—	559①
断后伸长率 δ_5/%	L	16.5	22.3	10.1
	T	12.1	—	5.8
K_{IC} /MPa · $m^{1/2}$	L	28.8	23.5	—
	T	14.1	—	
弹性模量 /GPa	—	88.49	—	95.5

注：L 表示纵向，T 表示横向。

①0.2%偏移量。

表 1-4 8009 耐热铝合金锻件的力学性能[45]

性能	镦粗件（$152mm^2 \times 19mm$）	模锻件（$185mm^2 \times 46.7mm$）		轧环（$546mm^2 \times 508mm^2 \times 63.5mm$）	
	径向	轴向	径向	轴向	径向
极限抗拉强度 σ_b/MPa	452	429	430	429	423
屈服强度 σ_s/MPa	407	389	394	392	397
伸长率 δ_5/%	12.1	8.2	10.8	17.1	16.4

（2）抗疲劳性能。平流铸造 8009 耐热铝合金晶粒细小，尺寸不足 1μm，延迟了疲劳裂纹的生成，因而具有优良的抗疲劳性，其高周疲劳强度至少相当于铝合金 7014-T4，疲劳裂纹生长速率接近于大晶粒铝合金 2014-T6[1]。8009 耐热铝合金在不同温度和应力条件下的高循环疲劳性能如图 1-7 所示[61]。

（3）耐腐蚀性能。8009 耐热铝合金具有良好的盐雾腐蚀性能。图 1-8 为 8009 耐热铝合金与其他铝合金在盐雾中腐蚀性能比较[62]，由图可看出该合金在盐雾中重量损失最小，具有较好的抗腐蚀性能。应力腐蚀断裂的极限应力是 8009 耐热铝合金的屈服强度。横向挤压应力达到 360MPa 时，在 3.5%的氯化钠熔液中侵蚀 40 天拉伸屈服强度仍可以保持 90%。

（4）断裂韧性。平流铸造耐热铝合金微观结构特征使得其具有较高的断裂韧性，如图 1-9 所示[63]。Al-Fe-Ce、Al-Fe-Mo-Si 等 Al-Fe-M 合金断裂韧性低于 $20MPa \cdot m^{1/2}$，而 8009 耐热铝合金的断裂韧性可达到 $25MPa \cdot m^{1/2}$。

（5）低加工硬化性。在不同的温度下，8009 耐热铝合金均显示出低加工硬化、小均匀变形、缩颈出现早的形变特征，如图 1-10 所示[64]。

为了进一步提高 8009 的高温稳定性和抗蠕变性能，人们试图在

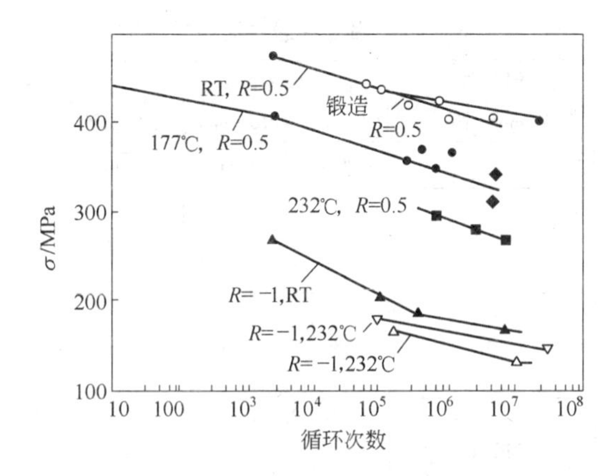

图 1-7　8009 耐热铝合金在不同温度和应力条件下的高循环疲劳性能

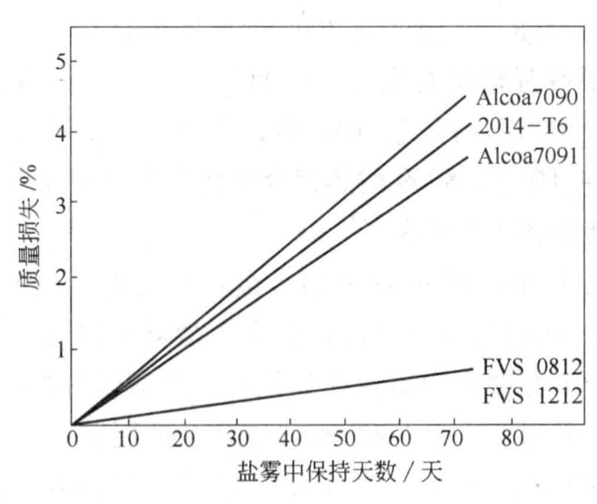

图 1-8　8009 耐热铝合金在盐雾中的腐蚀性能

合金中加入碳化硅等颗粒或纤维增强相，材料的弹性模量、高低温强度、抗应用腐蚀能力以及抗蠕变性能都得到了明显的提高，含 SiCp5%~15%的 8009 合金线膨胀系数约为$(22.7\sim20.8)\times10^{-6}/℃$，弹性模量为 94~107GPa，比刚度均已超过 Ti-6Al-4V 钛合金和 17-4PH 不锈钢，服役温度可以提高 370℃，8009 应用范围可以得到进一步的拓宽[64~67]。

马宗义等采用粉末冶金法在较高的温度下制备了 SiC、Si_3N_4和 $Al_{18}B_4O_{33}$晶须增强 Al-8.5Fe-1.3 V-1.7Si 耐热铝合金复合材料，由于

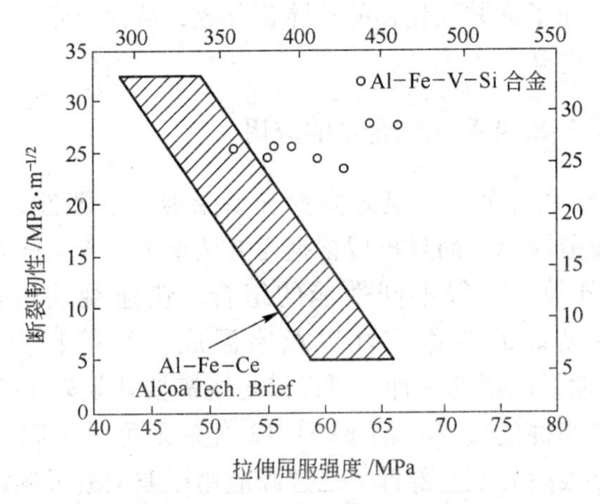

图 1-9 高温铝合金断裂韧性与屈服强度的关系

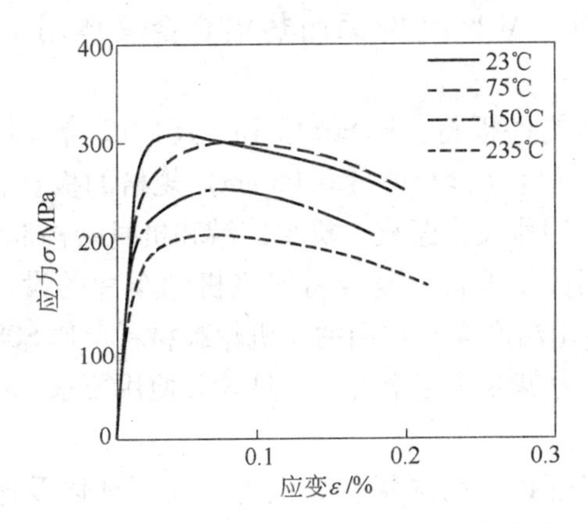

图 1-10 8009 耐热铝合金应力-应变曲线

采用不同含镁的基体避免 $Al_{18}B_4O_{33}$ 晶须界面上出现界面反应和 SiC、Si_3N_4 晶须界面上出现的界面生成物，因此所有晶须界面都是清洁的。加入晶须可以明显提高材料的强度和模量，三种晶须的增强效果依次是 SiC、Si_3N_4 和 $Al_{18}B_4O_{33}$。这类复合材料的强度随温度的上升呈线形下降，其使用温度可比 SiC_w/2024Al 复合材料提高 50~100℃[68~70]。

X. C. Tong、孙玉峰等研究了 TiC 对快速凝固 Al-Fe-V-Si 合金显微组织和性能的影响。TiC 粒子的生成对合金的显微组织有一定的细化作用，并且增加了弥散强化相的总体积分数，从而导致合金的综合性能有了一定的提高[71,72]。

1.4.3 Al-Fe-V-Si 系耐热铝合金的应用

Al-Fe-V-Si 系合金具有良好高温和室温强度、塑性、热稳定性、抗蚀性和抗疲劳性能，而且可以根据需要调整 Fe、V、Si 含量，控制强化相体积分数，获得不同性能的组合。快速凝固耐热铝合金，FVS0611 具有良好的热稳定性以及室温成型性等特点；FVS0812（8009）是用途最广泛的一种，可以满足既需要质量轻又需要较高高温强度的航空部件的要求；而 FVS1212 合金则可用于制备对中高强度和刚度要求很高的航空部件，已逐渐应用于航空航天领域，目前其主要的产品有挤压管、棒、型材、轧制薄板与厚板、锻件、轧环线材以及旋压封头等。Al-Fe-V-Si 系耐热铝合金具体用来制造如下零部件[16~22]：

（1）飞机结构件板材。FVS0812 和 FVS1212 合金均可加工成多种密度、长度、厚度（最小厚度 0.05mm）规格的板材和片材，取代 2000 系铝合金，用作飞机蒙皮、机翼前沿和机身结构部件等。

（2）轮毂用大型锻件。复合材料飞机刹车片的设计和应用，要求飞机轮毂的使用温度高于常用的飞机轮毂材料。FVS0812 合金高温强度、耐腐蚀抗力等性能完全可以满足轮毂使用要求，该合金的轮毂锻件已有生产。

（3）发动机部件。耐热铝合金锻件、轧制环以及厚截面挤压件都可以加工成汽轮发动机部件，如气缸、压缩机、叶片等。这些部件要求材料在特殊的温度或压力条件下使用，因此材料要有良好的高温稳定性和蠕变抗力。FVS0812 和 FVS1212 合金的高温性能均可以满足这些部件的使用要求。

（4）轻重量铆钉和紧固件。FVS0611 合金是飞机紧固件的理想材料。该合金具有紧固件所需的综合性能，如强度、高温强度和稳定性、室温成型和轻重量。FVS0611 合金线材（ϕ3mm）可代替常用的紧固件 A286 不锈钢使用。

（5）导弹部件。现代先进导弹要求材料及良好的高温性能，又要有较轻的重量和较低的成本，快速凝固耐热铝合金可用作多种导弹部件材料。

（6）近些年，快速凝固耐热铝合金也被用作汽车的活塞、连杆等耐热件。

研究表明，以快速凝固耐热铝合金替代钛合金在飞机和导弹上应用，可以明显地减轻飞行器重量，降低成本。以飞机发动机为例，实现以铝代钛，可以减轻重量15%~25%、降低成本30%~50%、提高运载量15%~20%，经济效益十分可观。快速凝固耐热铝合金抗高温能力的提高使得它除了在上述航天航空领域有着广泛应用，还可以被应用到其他工业领域中，用以制造常规铝合金无法服役的高温构件。目前，这些合金产品包括薄板、厚板、挤压件以及锻件等，以满足现代科技对新型材料提出的“高性能、高可靠性、低成本”的要求。因此，随着快速凝固技术和成型工艺的完善与成熟，国外也在大力开发快速凝固耐热铝合金在军工与民用领域的应用。

参考文献

[1] Gilman P S, Das S K. Rapid solidified aluminium alloys for high temperature/high stiffness applications [J]. Metal Powder Report, 1989, 4 (9): 616~620

[2] Ravichandran K S, Darakadasa E S. Advanced aerospace Al alloys [J]. JOM, 1987 (5): 28~32

[3] Gerard Michot, Georges Champier. Physical metallurgy of P/M aluminum alloys [J]. Invited paper presented at ICAA2, 1990, 10, Beijing, P. R. China

[4] Couper M J, Luster J W, Thumann M. Development of elevated temperature powder metallurgy aluminum alloys [J]. Powder Metallurgy, 1991, 23 (1): 7~15

[5] Hariprasad S, Sastry S M L, Jerina K L. Deformation characteristics of the rapidly solidified Al-8. 5Fe-1. 2V-1. 7Si alloy [J]. Scripta Metallurgica et Materialia, 1993, 29 (4): 463~466

[6] 程天一，章守华. 快速凝固技术与新型合金 [M]. 北京：宇航出版社，1990：30~55

[7] Skinner D J, Rye R L, Rayhould D, et al. Dispersion strengthened Al-Fe-V-Si alloy [J]. Scripta Metallurgica, 1986, 20 (6): 867~872

[8] Das S L. Rapid solidification and power metallurgy at Allied-Signal Inc [J]. Powder Metallurgy, 1988, 24 (2): 175~183

[9] 黎文献，易丹春，陈振华. 快速凝固 Al-Fe-Ce 合金的研究 [J]. 中南矿冶学院学报，1991，22（51）：140~110

[10] 汤亚力，沈宁福，柳百成. 快速凝固 Al-Fe-Ce-Ti-（Si）耐热合金 [J]. 粉末冶金技术，1992，10（2）：115~118

[11] 仝兴存，沈宁福，柳百成. 快速凝固 Al-Fe-Ce-C 合金的显微组织结构及退火过程中的相变 [J]. 金属学报，1994，30（3）：133~137

[12] 孙玉峰，张国盛，熊柏青，等. 原位生成 TiC 对快凝 Al-Fe-V-Si 合金中"块状相"生成的影响 [J]. 金属学报，2001，37（11）：1193~1197

[13] 熊柏青，朱宝宏，张永安，等. 喷射成形制备 Al-Fe-V-Si 系耐热铝合金的制备工艺和性能 [J]. 有色金属学报，2002，12（2）：250~254

[14] 黄春，宋治鉴，张允昌. 快速凝固耐热 Al-Fe 系合金的微观组织和性能研究 [J]. 高技术通讯，1992，3（11）：15~23

[15] 高文宁. 快凝 Al-Fe-V-Si 等耐热铝合金的研究 [D]. 北京：中国科学院金属研究所，1994：6~12

[16] Sakata I F and Langenbeck S L. P/M aluminum alloy in place of titanium based on elevated temperature aluminum alloy for aerospace applications [J]. Aerospace Engineering, 1984, (3-4): 152~161

[17] Frazier W E, Lee E W, Domellan M E, et al. Advanced light weight alloys for aerospace applications [J]. Journal of Metals, 1989, (5): 22~26

[18] Suryanarayana C, Froes F H, Krishnamurthy S, et al. Development of light alloys by rapid solidification processing [J]. Powder Metallurgy, 1990, 26 (2): 117~129

[19] Das S K, Davis L A. High Performance aerospace alloys via rapid solidification processing [J]. Materials Science and Engineering A, 1988, 98: 1~12

[20] Wadsworth J, Froes F H. Developments metallic materials for aerospace applications [J]. Journal of Metals, 1989, 41 (5): 12~16

[21] Gilman P S, Zedalis M S, Peltier J M, et al. Rapidly solidified aluminum-transition metal alloy for aerospace application [J]. A/AA/AHS/ASEE aircraft Design, Systems and Operations Conference, Atlanta Georgia, 1988, (7~9): 1~7

[22] Kim N J, Kim D H. Light materials for transportation systems [J]. JOM., 1994, 9: 44~47

[23] Langenbeck S K, Griffith W M, Hideman G J, et al. Development of dispersion-strengthened aluminum alloys in rapidly solidified powder aluminum alloys [J]. American Society for Testing and Materials, Philadelphia, 1986: 410~422

[24] Lavenial E J, Ayers J D, Srivatsan T S. Rapid solidification processing with specific application to aluminum alloys [J]. International Materials Report, 1991, 37 (1): 1~44

[25] 董寅生，沈军，杨英俊，等. 快速凝固耐热铝合金的发展及展望 [J]. 粉末冶金技术，2000，(18)：35~41

[26] Vecoglu M L, Suryanarayana C, Nix W D. Identification of precipitate phases in a mechanically alloyed rapidly solidified Al-Fe-Ce alloy [J]. Metall. Mater, Trans. A, 1996, 27A (4): 1033~1041

[27] Liang Guoxian, Li Zhimin, Wang Erde, et al. Hot hydrostatic extrusion and microstructures of mechanically alloyed Al-4. 9Fe-4. 9Ni alloy [J] . Journal of Materials Processing Technology, 1995 (55): 37~42

[28] Wang jianqiang, Geng Ping, Zhang Baojin, Zeng Meiguang. Microstructural features of RS Al-based thermal strengthened alloys [J]. Trans. Nonferrous Met Soc China, 1997, 7 (1): 56~60

[29] Froes F H. The third all-union conference on rapid solidification [J]. Journal of Metals 1991 (6): 26~27

[30] Froes F H. Powder metallurgy for defense and aerospace applications [J] . Journal of Metals, 1990 (5): 8~9

[31] Thomas Abraham. The emerging market for rapidly solidified materials [J] . Journal of Metal, 1990 (9): 6~10

[32] Froes F H, Carbonara R. Overview: application of rapidly solidification [J] . Journal of Metals, 1988 (2): 20~22

[33] 丁培道，石功奇．快速凝固技术在材料科学中的应用（一）[J]．材料科学与工程，1990，7（4）：1~5

[34] 丁培道，石功奇．快速凝固技术在材料科学中的应用（二）[J]．材料科学与工程，1991，8（1）：9~14

[35] Hidemann G J, Sanders R E Jr. United States Patent. Aluminum powder alloy product for high temperature application [P] . Patent No. 4, 464, 199, Aug. 7, 1984

[36] Gilman P S, Rataick R G, Testa A. The fabrication of rapidly solidified high temperature aluminum alloys [J] . In: Advances in Aerospace refectory and advanced materials: Proceedings of the Powder Metallurgy conference and exhibition, Chicago, IL, June 9~12, 1991: 47~57

[37] Hidemann G J, Sanders R e Jr. United States PATENT. Aluminum powder alloy product for high temperature application [P] . Patent No. 4, 379, 719, Apr. 12, 1983

[38] Colin M Adam, Santosh K Das, David J Skinner. United states patent rapidly solidified aluminum based silicon containing alloys for elevated temperature application [P] . Patent 4, 879, 095, No. 7, 1989

[39] Skinner D J. The physical metallurgy of dispersion strengthened Al-Fe-V-Si alloy. In: Dispersion Strengthened Aluminum Alloys [J]. The Mineral Metal and Materials Societr, Warrendale, PA, 1988: 181~197

[40] Ravichandran K S, Pwarakadasa E S. Advanced aerospace Al alloys [J] . Journal of Metals., 1987 (5): 28~32

[41] 徐永波，Starke Jr E A，Gangloff R P. 快凝粉末冶金铝合金的微观结构［J］. 力学进展，1995，25（2）：270~280

[42] 徐永波. 快凝粉末铝合金的力学行为［J］. 力学进展，1995，25（2）：282~287

[43] 关绍康，汤亚力，等. 快速凝固 Al-Fe 其合金条带中准晶的形成及稳定性［J］. 金属学报，1998，30（4）：50~153

[44] 关绍康，沈宁福，汤亚力，等. 快凝 Al-Fe-M-Si 合金的纤显微结构对熔体热历史的敏感性［J］. 金属学报，1996，32（8）：823~827

[45] Paul G. Rapidly solidified aluminum alloys for aerospace［J］. Metals and Materials，1990（8）：504~507

[46] S Mitral. Elevated temperature mechanical properties of a rapidly solidified Al-Fe-V-Si alloy［J］. Scripta Metallurgica et Materialia，1992，27（5）：521~526

[47] Sampath K，Baeslack W A. Joining dispersion-strengthened rapidly solidified，P/M Al alloys［J］. JOM.，1994（7）：41~47

[48] 沈军，董寅生，杨英俊，等. 快速凝固 Al-Fe-V-Si-Zr-Ti 合金粉末组织结构的 TEM 观察［J］. 粉末冶金技术，2000（2）：88~90

[49] 董寅生，沈军，杨英俊，等. 气体雾化 Al-Fe-Cu-V-Si-Ni-Ce-Zr 合金粉末的组织和硬度及其关系［J］. 铸造，1999（12）：8~12

[50] Sahoo K I，Sivaramakrishnan C S，Chakrabartl A K. The effect of Mg treatment on the properties of Al-8. 3Fe-0. 8V-0. 9Si alloy［J］. J. Mater. Pro. Tech.，2001（112）：6~11

[51] 庞华，邓江宁，林锦新，等. 快凝 Al-Fe-V-Si-Nd 合金中纳米相转变动力学的 Mossbauer 研究［J］. 东北大学学报，2000（3）：339~341

[52] 庞华，邓江宁，张宝金，等. 快凝 Al-Fe-V-Si-Nd 合金中第二相选择［J］. 中国有色金属学报，2000（3）：370~373

[53] 庞华，邓江宁，林锦新，等. 用瞬态形核理论研究钛对快凝 Al-Fe-V-Si 合金非晶形成倾向的影响［J］. 中国稀土学报，2000（2）：131~134

[54] 庞华，邓江宁，张宝金等. 快速凝固 Al-Fe-V-Si-Nd 合金中纳米相转变动力学［J］. 中国有色金属学报，2000（4）：487~489

[55] 贾威，邓江宁，张彤等. 快速凝固 Al-Fe-V-Si-Nd 纳米合金薄带时效过程［J］. 东北大学学报，2001（4）：454~456

[56] 肖于德，黎文献，李松瑞，等. 稀土元素对 AlFeVSi 合金性能和组织的影响［J］. 中南工业大学学报，1998（5）：471~475

[57] Xiao Yude，Li Songrui，Li Wenxian，Wang Richu. Microstures and mechanicac properties of rapid solidified AlFeCrZrVSi alloy and their thermal stability［J］. Trans. Nonfer. Met. Soc. China，1998，8（3）：9

[58] Xiao Yude，Li Songrui，Li Wenxian，Ma Zhengqing. Second phases of rapidly solidified Al-FeCrZrVSi alloy and their thermal stability［J］. Journal of Central Southern University of Technology，1998，5（1）

[59] 肖于德，黎文献，李松瑞，马正青．稀土 ER 对 FVS0812 合金组织性能的影响［J］．中南工业大学学报，1997，28（5）：10

[60] Subhash C. Khatrl, Alan Lawley, Michael J. Koczak. Creep and microstructure of dispersion strengthened Al-Fe-V-Si-Er alloy［J］. Sci. Eng. A, 1993, 167: 11~21

[61] Raybould D. Dispersion strengthened aluminum alloys［J］. TMS, Ohio, 1988: 199~215

[62] 王维. 快速凝固耐热铝合金管材成型工艺及性能研究［D］. 长沙：中南工业大学，1997：7

[63] Davies H A. Processing, properties and applications of rapidly solidified advanced alloy powders［J］. Powder Metallurgy, 1990, 33 (3): 223~228

[64] I S Kim, N J Kim and S W Nam. Temperature dependence of the optimum particle size for the dislocation detachment controlled creep of Al-Fe-V-Si/SiC composite［J］. Scripta Metallurgica et Materialia, 1995, 32 (11): 1813~1814

[65] M. S. Zedalis, J. D. Bryant, P. S. Gilman, S. K. Pas. High-Temperature Discontinuously Reinforced Aluminum［J］. JOM., 1991 (8): 29~31

[66] Sutherland T J, Hoffman P B, Gibeling J C. The influence of SiC particulates on fatigue cracks propagation in a rapidly solidified Al-Fe-V-Si alloy［J］. Metallurgical and Materials Transaction, 1994, 25 (11): 2453~2460

[67] Ma Z R, Pan J, Ning X G, et al. Aluminum borate whisker reinforced Al-8.5Fe-1.3V-1.7Si composite［J］. Journal of Materials Science Letters, 1994, 13: 1731~1732

[68] Zhu S J, Peng L M, Ma Z Y, et al. High temperature creep behavior of SiC whisker-reinforced Al-Fe-V-Si composite［J］. Mater. Sci. Eng. A, 1996, 215: 120~124

[69] 马宗义，宁小光，潘进，等．晶须增强 Al-8.5Fe-1.3V-1.7Si 复合材料及晶须增强效果的评价［J］．金属学报，1994（9）：420~425

[70] Peng L M, Zhu S J, Ma Z Y, et al. High temperature creep deformation of $Al_{14}B_4O_{33}$ whisper-reinforced 8009 Al composite［J］. Materials Science and Engineering, 1999, 256: 63~70

[71] Tong X C, Ghosh A K. Fabrication of in situ TiC reinforced aluminum matrix composites［J］. Materials Sci, 2001, 35: 4059~4069

[72] 孙玉峰，沈宁福，熊柏青，等．TiC 对喷射成形 Al-8.5Fe-1.3V-1.7Si 合金显微组织和性能的影响［J］．中国有色金属学报，2001（2）：54~59

2 快速凝固 Al-Fe-V-Si 系耐热铝合金的制备方法

快速凝固 Al-Fe-V-Si 合金首先是由美国 Allied-Signal 铝业公司的金属及陶瓷材料研究所采用其专利技术——平面流铸造法研究开发的。D. J. Skinner 等人于 1986 年对其组织性能进行了全面报道[1]。随后，人们采用各种不同的快速凝固雾化技术和喷射沉积工艺对该系合金进行了研究。Al-Fe-V-Si 耐热铝合金中 Fe、V、Si 元素的含量都比较低，尤其是 Fe 元素的含量远超常规铝合金，而 Fe 在铝中的固溶度却很低。快速凝固技术可以突破传统铸锭冶金方法的局限性，细化合金组织，减小偏析，扩大合金元素在基体中的固溶极限。所以，Al-Fe-V-Si合金可采用快速凝固-粉末冶金法（用雾化技术或平流铸造技术制取粉末，而后固结成型）、喷射沉积法等快速凝固方法制备。现分别介绍如下。

2.1 粉末冶金法

目前，国外快速凝固 Al-Fe-V-Si 合金生产主要是以快速凝固制粉，采用粉末冶金技术来制备所需产品，一般工艺路线如下：配制合金，熔炼，制取快速凝固粉末（雾化制粉或平面流甩带，研磨），粉末预处理（收集、储存、筛分），真空除气（包套松装除气或等静压坯除气），加工成型（挤压、锻造或轧制），后续处理（去应力退火或其他加工），成品。

2.1.1 快凝制粉

快凝制粉-粉末冶金法的制备工艺比较复杂，一般要经快凝制粉→筛分、包套→真空除气→热压固结→热挤压→模锻等多道工艺成型。

粉末材料雾化制粉技术的关键：首先是使液态金属克服界面张力而分散成微小的颗粒（即雾化技术）；其次是通过控制环境条件，在保证材料尽可能不发生氧化污染的条件下获得尽可能大的冷却速率。因此，粉末的尺寸和凝固速率是标志粉末材料快速凝固技术水平的主要指标。

雾化制粉是将经过配料计算的各种炉料加入坩埚中熔化，将熔化后的合金熔液倒入漏包中，合金液流从漏包嘴中流出时，高压、高速介质经过雾化器喷向合金液流。高压介质在高速冲击作用下，合金液流被破碎成许多小液滴。这些小液滴冷却凝固后，便形成了合金粉末。雾化装置示意图如图 2-1 所示。

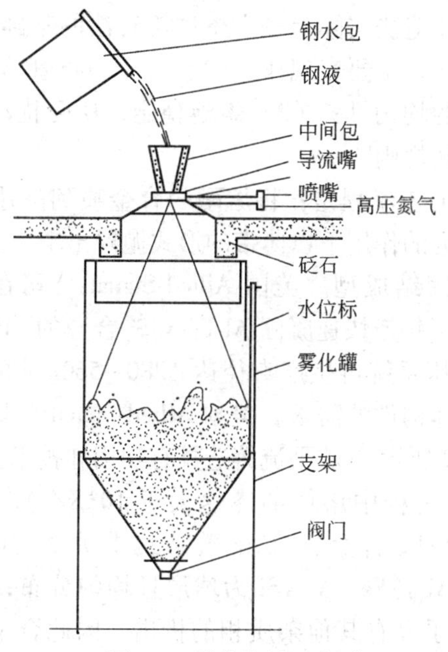

图 2-1　雾化装置示意图

已经实现工程化的雾化快速凝固技术有亚声速气体雾化法、超声速气体雾化法、水雾化法、旋转电极法、旋转盘法、快速旋转杯法等。概括起来，可分为流体雾化和离心雾化两类。雾化过程中液滴的冷却和凝固是雾化法凝固技术需要研究并进行控制的两个关键技术环节。雾化法所能获得的粉末尺寸和一定的雾化技术相关，需要结合具体的工艺讨论。合金液流的破碎不仅取决于气流的速度、喷嘴结构，也与阻碍破碎的内力即液流的表面张力和黏度有关。在液流能被破碎的范围内，表面张力越小、黏度越低，所得到的粉末颗粒越细，且颗粒形状偏离球形的可能性越大，即球化率低。用雾化法生产 Al-Fe-V-Si 合金时，将产生大量大于 0.1μm 的金属间化合物和一些六方结构的 Al_8Fe_2Si 相，使合金产生脆性。但当雾化粉末颗粒约小于 5μm 时，基体为完全的过饱和固溶体。

2.1.2　平流铸造

平流铸造法是应用最广的方法，它是由美国的 Allied-Signal 公司最早提出。平流铸造法实际上是在熔体旋转法的基础上发展起来的，但优于熔体旋转法，主要表现在：（1）由于石英管喷嘴更靠近辊面，因而提高了冷速的均匀性；（2）熔池稳定，所受扰动小，因而薄带尺寸变化小，形状规则[2]。

平流铸造的工艺流程是：将熔融的合金喷到高速旋转的辊轮表面，而后在离心力的作用下以薄带的形式抛射出来，再将收集到的薄带粉碎、除气、固结成型。美国 Allied-Signal 公司在 New Jersey 的 Merristow 市建立了年产快速凝固 Al-Fe-V-Si 合金的 110t 专业生产线，它的大型真空热压系统可生产直径达 ϕ280～560mm 的粉末坯，满足了其对大规格整体构件的需求。美国 Allied-Signal 公司的平流铸造连续生产线如图 2-2 所示[3]。平流铸造具有实用和技术上的优势，而且冷却速度很高（过程中熔体的冷速大于 10^5 K/s）。用该法制备的 FVS0812 和 FVS1212 合金薄带显微结构非常细小，晶粒尺寸约 0.5μm，析出相 $Al_{12}(Fe, V)_3Si$ 为球形且均匀分布，其尺寸为 20～50nm。基体中几乎没有其他杂质相的析出，因此合金性能非常的稳定和优异。但平流铸造（PFC）的工艺复杂，当生产不同成分合金时，工艺参数的调整非常困难，而且该方法制得的合金含氧量高。采用粉末冶金方法生产大规格整体构件，需建立包括制粉、等静压、热压等大型设备的专业集成生产线。而且，生产实践中也认识到，采用粉末冶金方法在制备 ϕ500mm 以上大规格坯料时，生产工艺复杂、成本较高。近年来，尤其是制备大规格材料时，试图采用喷射沉积制坯。喷射沉积制坯工艺简化，省却了粉末处理、真空除气、预成型等过程，减少制品在高温滞留时间，而且减小氧化、吸气、污染，粉末结合良好，塑性提高，有利于成型。随着喷射沉积工艺的成熟与完善，冷却速度提高，开始采用新型的喷射沉积工艺制备快速凝固耐热铝合金材料[4~19]。

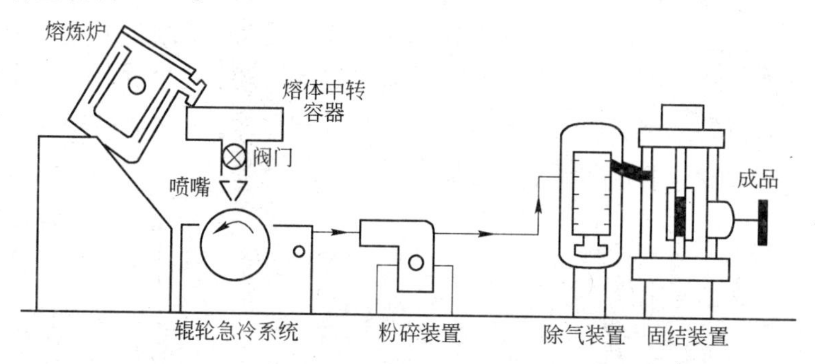

图 2-2 美国 Allied-Signal 公司的平流铸造生产线

2.2 喷射沉积法

1968 年，英国 Swansea 大学的 A. Singer 教授[20,21]提出了喷射沉积的概念和原理，并于 1970 年首次公开报道。喷射沉积不仅具有快速凝固冷却速度高的显著特点，而且有传统铸造法一步成型的优点，是一种介于粉末冶金和铸锭冶金之间的金属成型新工艺。这种工艺的出现，对材料的制备产生了深远影响，成为当今最为引人注目的高性能新型材料制备方法之一，具有极大的应用潜力和广阔的应用前景。喷射沉积又称为喷射成型。

2.2.1 喷射成型过程

喷射成型是用高压惰性气体将合金液流雾化成细小熔滴，在高速气流下飞行并冷却，在还没有完全凝固前沉积成坯件的一种工艺，其工艺原理如图 2-3 所示。喷射成型技术包括金属熔化、雾化和沉积三个工艺过程，其基本原理是：金属或合金在位于喷射室顶部的坩埚内被感应加热并熔化后，经由坩埚底部的耐热导流管流入雾化区，在高压惰性气体的作用下，合金液流被雾化成细小的雾化液滴，在这些雾化液滴未完全凝固前，将其沉积到具有一定形状的接收器上，通过控制接收器的运动便可获得具有一定形状的沉积坯件。该工艺将金属的雾化过程及雾化后液滴的沉积和成型过程两个阶段结合在一起，只经一道工序即可制备出结构致密、无宏观偏析、含氧量低的管状、棒状、盘状或柱状等快速凝固近终成型坯件。图 2-4 是制备不同形状沉积坯件的喷射成形工艺装置简图。喷射成型工艺既可以制备较大体积分数颗粒的、组织均匀的复合材料，又可以制备层状复合材料，可广泛应用于制备颗粒增强金属基复合材料、摩擦材料、双金属等材料。

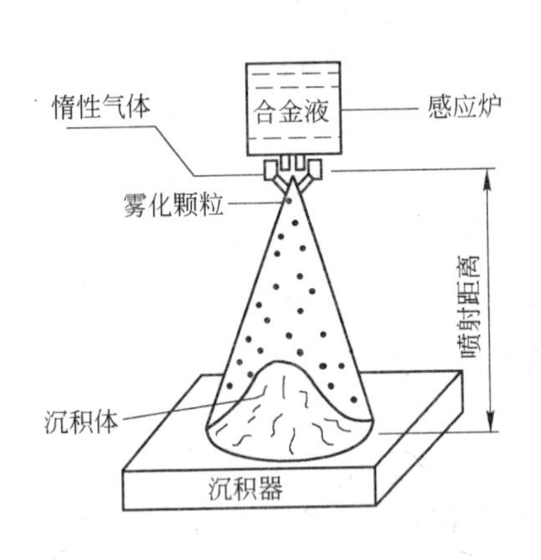

图 2-3 喷射成型原理

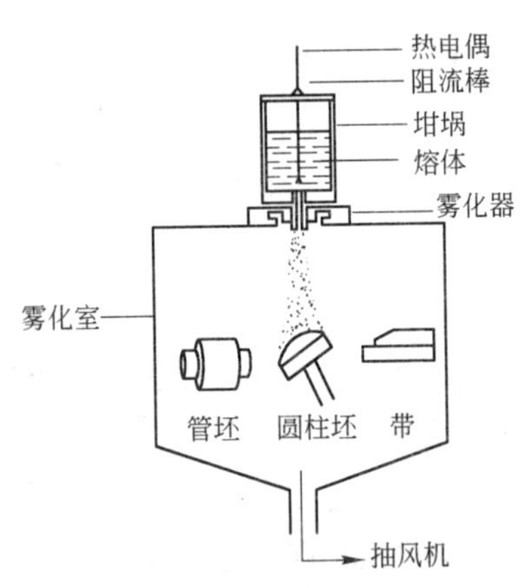

图 2-4 喷射成型工艺装置

喷射成型过程大致可以分为金属熔体释放、气体雾化、液滴飞行喷射、液滴沉积和沉积体凝固五个阶段[22]，它是一个复杂的统计过程。沉积体的密度、组织及性能取决于金属熔体的过热度、液流直径和液流的过压、喷射高度、雾化气体的压力、流量和种类、雾化器的结构、导液管的伸出长度、沉积基底的材质、温度及冷却条件、沉积体的运动速度等一系列因素。

（1）金属熔体的释放阶段。金属熔体的过热温度 T_1 是这个阶段的控制参数。过热温度 $T_1 = T_1 + \Delta T_s$（T_1 为金属的液相线温度，ΔT_s 是过热度[23]）。喷射沉积过程的冷却速率与 ΔT_s 有很大的关系。若 ΔT_s 过高，会使雾化阶段的强制冷却相对困难，因此液滴形成的半固态颗粒较少，影响沉积体的致密度；晶粒冷却时间的延长，将导致粒径大的颗粒数目增大，影响了沉积面结晶组织的晶粒细化。

（2）气体雾化阶段。雾化器的结构、雾化气体的压力和雾化气体的类型是这个阶段的控制参数。为了避免合金的氧化，一般采用惰性气体介质，如 N_2、He 等。不同结构的喷嘴及气体压力所产生的气流有很大的差异，对金属液流的破碎和冷却效果也截然不同。对于相同的喷嘴，当气体的流量和压力一定时，减小金属的液流量，即相对提高了气液比，所得到的沉积坯件的性能较高。值得指出的是，对于一个特定的喷嘴和气体进口压力，金属的液流量有一个临界最小值，低于这个最小值喷嘴中的导液管很容易阻塞。导液管的伸出长度和出口形状对雾化的顺利进行也有很大的影响。

（3）液滴的飞行喷射阶段。喷嘴的设计和运动方式、喷射的高度、雾化器的扫描行程、喷射密度等是这个阶段的控制参数。一般来讲，与开放式喷嘴相比，封闭式喷嘴的气体动能更高，向液态金属能量转换的效率也更高；不过封闭式的喷嘴容易造成导液管阻塞。液滴的飞行必须具有合适的距离，以便于在飞行的过程中散失大量的热量，到达沉积体表面时具有合适的液相分数。喷嘴的扫描行程、喷射的高度及雾化器的结构直接决定了沉积体的直径。确定了喷射高度和喷嘴的结构以后，可以通过改变喷嘴的扫描行程来获得所需直径的沉积体坯件。综合考虑这些参数的影响，可以取得最佳的优化效果。

（4）液滴沉积和沉积体凝固阶段。基底的材料、表面粗糙度和温度，基底的运动方式及位向是这个阶段的控制参数。为了增大沉积体的传热系数，应该选择具有大的传热系数的基底材料：较大的基底表面粗糙度，有利于沉积坯件与基底的黏结和提高沉积坯件的传热效果；基底的温度越低，越有利于沉积坯件的冷却。基底具有一定的旋转运动有利于液滴在沉积坯件表面的均匀沉积。转速越高，沉积坯件的离心力也就越大，对雾滴的沉积是不利的，基底的转速一般为 100~200r/min。当导液管竖直朝下时，基底具有一定的倾角可以增大沉积坯件的收得率。一般来讲，基底的轴线与导液管的夹角为 30°左右。沉积阶段沉积面的形状、质量最终决定了坯件的尺寸和质量。

金属熔体的热量经历雾化阶段的对流换热和沉积阶段的传导及辐

射综合散热，达到了较高的冷却效果。

雾化的金属液滴大小在一定尺寸范围内呈非对称的统计分布，一部分呈液态、一部分呈半固态、还有一部分呈固态。它们高速冲击基底时就使已经形核的晶体结构破碎成细小的过冷微粒并附着于基底上，粒径约为微米级。随着沉积过程的进行，成为了后来沉积并被破碎的颗粒的结晶核心，从而凝固结晶成一个具有细小晶粒结构的大块金属实体，这是一个动态的快速凝固过程。就沉积面来讲，控制雾化颗粒抵达沉积表面时的状态及在沉积表面有效地保持适当厚度的半凝固液层是得到高质量复合层面的关键。Singer 对沉积的临界条件做了专门分析，提出了下面的公式[21]：

$$q/pV < 4[(T - T_1)h + H]$$

式中 p——喷射流密度，即单位体积射流中金属的质量；

q——单位面积的传热速率；

V——沉积颗粒在垂直于沉积表面方向的速率；

h——金属的比热；

H——熔化潜热；

T——颗粒到达沉积表面时的温度；

T_1——金属固相线温度。

其中，pV 代表金属颗粒向沉积坯件表面沉积的速率，维持高的 pV 值对沉积是有利的。q 值在沉积过程中是不断变化的，高的 q 值对提高液态金属转变成优质沉积面和发挥快速凝固的特点非常有利。随着沉积的进行，q 值迅速降低。由于沉积表面受较冷的喷射气流的强制对流冷却，冷却仍可达 10^4K/s。研究表明，为了维持临界沉积条件，设计能传递高密度的喷射流、保持良好的雾化气氛及控制沉积坯件成型的装置是关键。

2.2.2 喷射成型法的主要优势

金属的喷射成型是一种介于铸锭冶金和粉末冶金之间的一种新型的快速凝固技术，与铸锭冶金、粉末冶金工艺相比，具有如下的主要优点：

（1）具有细小的等轴晶与球状组织。金属喷射沉积材料的组织是细小的等轴晶，其晶粒大小一般在10~100μm之间。一方面是由于高压气流与熔体之间的强烈对流使金属喷射沉积材料凝固时具有很高的冷却速率；另一方面，雾化液滴在沉积阶段具有很高的速度，撞击基底或沉积体表面时，其冲击动能产生足够大的剪切应力和剪切速度，将深过冷雾化液滴中的枝晶打碎，此时沉积材料处于一种高温退火状态，使未变形的枝晶进一步均匀化，已变形或断裂的枝晶臂生长与粗化，出现近球化组织。

（2）生产工序简单，成本较低。金属喷射沉积将熔体的雾化和沉积成型两个过程合为一体，可直接由液体金属制备快速凝固预成型的毛坯。而一般的快速凝固工艺制备的材料尺寸很小，难以直接加工成产品，通常要经粉末冶金工艺的制粉、储存、运输、筛分、压制烧结，甚至轧制、锻造等工序完成成型。

（3）固溶度增大，氧化程度减小。在雾化过程中，颗粒冷却速率非常快，致使沉积材料的固溶度明显提高。喷射沉积过程在惰性气氛中完成，避免了粉末冶金工艺中因储存、运输等工序带来的氧化、吸气，减轻了材料受污染的程度。

（4）坯件加工性能良好，成型制品强度不亚于粉末冶金制品，塑性与韧性则明显提高。

（5）过程复杂，工艺参数繁多。

金属喷射成型过程是一个众多参数共同作用的复杂过程。而且各参数之间相互制约、相互影响，给工艺参数的优化带来一定的困难。如何选择合适的工艺参数是该技术必须解决的一大问题。喷射成型具有广泛的适应性，可以用来生产各种材料，如铝合金、镁合金、铜合金、钢铁和高温合金；可以用来生产盘状、环状、管、棒、板等不同形状和规格的近终成形坯件；另外，向雾化锥中引入增强颗粒，可以用来制备金属基复合材料，制备原位反应合金，半固态加工产品，甚至用于金属涂层。喷射成型工艺开辟了金属基复合材料的一种崭新的制造方法，它综合了粉末冶金和快速凝固技术的特点，克服了增强相粒子在金属熔体中的偏聚和凝固偏析，避免了增强颗粒与基体之间的界面反应，能够获得快速凝固组织和难加工材料的近终成型，可实现制粉和制坯一步完成，因而具有广阔的发展前景。

因此，在与铸造冶金和粉末冶金相互竞争发展的过程中，喷射成型工艺吸收了二者的优点，具有更强的竞争力和更广阔的应用前景。

2.2.3 喷射成型技术的研究进展

喷射成型是一种集快速凝固、半固态加工和近终形加工于一体的新型材料制备技术。其技术原形可以追溯到 1910 年瑞士 Schoop 发明的喷射工艺[24]，1958 年美国 Brennan 采用类似工艺在移动的基底上制备沉积带材[20]；然而，喷射成型工艺的概念与原理是 1968 年由英国 Swansea 大学 A. R. E. Singer 教授首次正式提出的[1]。1974 年，英国 Osprey 公司 R. G. Brooks 等将此设计思想应用到锻造毛坯的生产，形成了著名的 Osprey 工艺（又称为“控制喷射成型法”）[25]，应用于高合金工具钢和高速钢等的生产。20 世纪 80 年代中后期，美国麻省理工学院 Grant 教授等引入超细气体雾化技术雾化金属熔体，发明了“液体动态压实”（LDC）的新工艺，成功地应用于镍合金管材的生产[26]，使喷射沉积技术从实验室走向生产应用。在全世界已有三十多家企业和研究机构从事商业生产和开发研究：英国的 Cospray 公司、Ospray 公司、Rolls-Royce 公司，瑞典的 Sandvik 公司，日本的住友重工，法国的 Rechiney 公司，美国的 Howmet 公司、G. E 公司、Allied-Signal 公司，德国的 Mannesman Demag 公司、Peak 公司等；MIT、Drexel 大学、California 大学、Oxford 大学、Sheffield 大学等研究机构。所研究合金主要有：高模量低密度铝锂合金、高耐磨低膨胀高硅铝合金、高强度耐蚀高锌锅合金、新型颗粒增强铝基复合材料。日本等国已研究采用喷射沉积工艺制备耐热铝合金。至今，国内还没有专门从事喷射成型生产的企业或研究所，没有喷射沉积产品供应市场[27~37]。1981 年 Kim 和 Jones 最早开始了喷射成型系统的研究。随后 MIT、Drexel 大学、California 大学、Oxford 大学等根据各自的喷射沉积设备，结合不同的合金，提出了相应的喷射成型模型[38~44]。相对于国外，我国的喷射成型技术研究相对较晚，开始于 20 世纪 80 年代后期，主要的研究单位有北京有色金属研究总院、中南大学、西北工业大学、北京科技大学、上海钢铁研究所、中科院沈阳金属所、哈尔滨工业大学等[45~53]。

近些年来，人们已开始积极采用喷射成形工艺制备快凝 Al-Fe-V-Si 合金，目的主要在于：简化工艺，降低成本，减小氧、氢含量，提高材料韧性和塑性。在国内，主要研究单位有中科院沈阳金属所、北京有色研究总院、郑州大学、北京科技大学、航天部三院、中国船舶重工集团洛阳 725 所、中南大学等。在国外，主要有美国、英国、日本、韩国、印度等国家的一些相关研究机构在开展这方面的工作。然而，目前国内外有关喷射沉积 Al-Fe-V-Si 合金耐热铝合金的研究报道仍然不多，少量文献也主要集中在沉积坯形状控制、传热传质控制、沉积坯组织控制等基础性研究上，而有关喷射沉积 Al-Fe-V-Si 合金力学性能的报道则更加少见[54~67]。

2.3 Al-Fe-V-Si 系耐热铝合金的加工

快速凝固态产品（粉末、薄带、箔片、纤维等）有的可以直接作为低维元件使用，但大多数情况下通常需采用适当的固结成型工艺，使之成为致密的、性能良好的大规格材料。喷射沉积坯多为非连续、非致密体材料，通常也需固结成型才能使用。

快速凝固 Al-Fe-V-Si 耐热铝合金固结成型的关键也是难点，在于兼顾快速凝固组织优势充分发挥的同时，保证所得合金粉末良好的结合状态，一方面需在成型过程中防止快速凝固态坯料滞留温度过高、高温滞留时间过长，而造成快速凝固过饱和固溶体基体充分脱溶，强化相 $Al_{12}(Fe, V)_3Si$ 硅化物颗粒粗化，甚至出现粗块状或针状的有害相 θ-$Al_{13}Fe_4$，导致材料强度、韧性和耐热性严重下降。因而在具体操作时需尽可能地选择低的成型温度和短的加热时间来维持快速凝固的组织优势。另一方面要求成型时粉末能够得到充分的变形，确保粉末体（或非致密体）完全致密化，同时在剪切应力作用下，产生足够的剪切变形，破碎氧化膜、消除原始粉末颗粒界面，保证粉末体材料实现完美的冶金结合，充分发挥快速凝固耐热铝合金的本征性能。固结成型粉末冶金坯或喷射沉积坯制备大规格结构材料，只采用单一的成型方式，很难实现低温大变形加工，必须采用多种加工手段，包括挤压、冲压、轧制、锻造等的工艺组合，来生产所需形状规格的高性能管材、板材、棒材或锻件。

固结成型快速凝固 Al-Fe-V-Si 合金最常用的方法是热挤压法，它可以用来生产各种截面形状大小的挤压件，也可以用来生产锻造、轧制等后续加工的坯料，与其他加工方法相比具有以下一些优点：具有比轧制更为强烈的三向压应力作用，金属可以发挥其最大的塑性，产品尺寸精确，表面质量高。但是挤压法也存在一些缺点，由于挤压时的一次变形量和金属与工具间的摩擦都很大，而且塑性变形区又完全为挤压筒所封闭，使金属在变形区内的温度升高，从而有可能达到某些合金的脆性区温度，会引起挤压制品出现裂纹或开裂而成为废品。由于挤压时锭坯内外层和前后端变形不均匀导致沿长度和断面上制品的组织和性能不够均一。另外，工艺参数对制品组织与性能以及生产成本均有显著的影响。热挤压主要工艺参数有温度、速度和变形程度。如果挤压工艺参数选择不当，会出现“挤不动”的现象，或者即使勉强挤出来，也会产生制品开裂、表面质量恶化等缺陷。因而工艺参数的选择是挤压生产能否顺利进行的关键。挤压温度过低或过高，会出现“挤不动”或“过烧”的现象。对铝合金来讲，挤压温度过高，使得晶粒与析出相粗化，从而降低制品的力学性能；温度越高，挤压制品的抗拉强度、屈服强度和硬度值下降。挤压速度对制品组织与性能的影响，主要通过改变金属热平衡来实现：挤压速度低，金属热量逸散较多，致使挤压制品尾部出现缺陷；挤压速度高，锭坯与工具内壁接触时间短，热量来不及传递，有可能形成变形区内的绝热挤压过程，使金属出口温度越来越高，导致制品表面裂纹。变形程度对挤压制品变形均匀性和力学性能分布的影响较大，当挤压比较小时，制品内部与外层的力学性能不均匀性较为严重；当挤压比较大时，由于变形深入，制品性能的不均匀性减小；当挤压比很大时，内部性能基本一致。挤压比的提高会相应提高金属的抗力，过大的挤压比还会产生显著的热效应，导致实际变形温度过高。热挤压过程中变形区近似为一个绝热体系，强烈的剪切变形和摩擦作用所产生的热会引起温升现象。Al-Fe-V-Si 合金在挤压时由于热作用和应力应变的共同作用 $Al_{12}(Fe,V)_3Si$ 弥散相颗粒产生一定程度的粗化。虽然与挤压加热相比，这个温升所造成的粗化并不显著，原因可能在于高温滞留时间极短。但是，有时尤其是在高温快速挤压时，温升的不良影响也不容忽视。挤压比过小又不能使喷射沉积原始锭坯产生足够的变形，疏松多孔的组织之间不能紧密结合，从而降低了制品的力学性能。在具体确定挤压工艺参数范围时，要找到一个既考虑到所有影响因素又保证生产要求的理论分析方法，是十分困难的。所以在选择挤压工艺参数时，一般是在理论分析的基础上进行各种工艺试验，考察产品质量，并参考实际生产的经验值。

参 考 文 献

[1] Skinner D J, Rye R L, Rayhould D, et al. Dispersion strengthened Al-Fe-V-Si alloy [J]. Scripta Metallurgica, 1986, 20 (6): 867~872

[2] 程天一，章守华. 快速凝固技术与新型合金 [M]. 北京：宇航出版社，1990

[3] Read, Peter John. South Newington, near Bandury, UK. Method of producing a dispersion-strengthened aluminum alloy [J]. article. US 3899820. Aug. 19, 1975, June 21, 1973

[4] Zedalis M S, Bryant J D, Gilman P S, Pas S K. High temperature discontinuously reinforced aluminum [J]. JOM., 1991 (8): 29~31

[5] S. K. Das, L. A. Davis. High Performance Aerospace Alloys via Rapid Solidification Processing [J]. Mater Sci. Eng., 1988, 98: 1~12

[6] J. Wadaworth, F. H. Frees. Developments metallic materials for aerospace applications. Journal of Metals, 1969 (8): 12~16

[7] Gilman P S, Zedalis M S, J M Peltier, Das S K. Rapidly solidified aluminum-transition metal alloy for aerospace application AIAA/AHS/ASEE aircraft Design [C] // Systems and Operations Conference, Sept. 7~9, 1988, Atlanta Georgia: 1~7

[8]《材料科学与技术》丛书中文版编委会. 金属与合金工艺 [M]. R. W 卡恩，等译. 北京：科学出版社，1998

[9] Hildemann G J, Kuli J C. United states patent, Method for producing aluminum powder alloy products having improved strength Properties [P]. Patent No. 4, 435. 213, May, 6, 1984

[10] Colin Mclean Adam. U K Patent. Dispersion strengthened aluminum alloy articles and method [P]. Patent 2. 088, 409A, No. 13, 1981

[11] Miller W S, Palmer I G. Development of thermally stable aluminum-Chromium zirconium alloys via a PM route [J]. Met Powder Rap., 1986, 41 (10): 761~767

[12] Ray. Ranjan, Walthem, MA Polk, Donald E, Washington, DC Giessen: Bill C. Cambridge. Aluminum-transition metal alloys made using rapidly solidified powers and method [J]. US 4347076 Aug 31. 1982/Oct, 3, 1980

[13] Malcolm J Cooper. United States Patent. Powder-metallurgical Process for the production of a green pressed article of high strength and of low relative density from a heat resistant aluminum alloy [P]. Patent No 4.758.405. Jul. 19, 1988

[14] W. C. J. Bunk. Aluminum RS Metallurgy. Mater. Sci. Eng., 1991, A134: 1087~1097

[15] Davis L A, Das S K, Li J C M, Zedalis M S. Mechanical properties of rapidly solidified amorphous and microcrystalline materials: A review [J]. International Journal of Rapid Solidified, 1994, 8 (2): 73~131

[16] Zhang X D, Bi Y J, Loretta M H. Structure and Stability of the Precipitates in Melt Spun Ternary Al-Transition-Metal Alloys [J]. Acta Metall Mater., 1993, 41 (3): 849~853

[17] Hariprasad S, Sastry S M L. Processing maps for optimizing gas atomization and spray deposition [J]. JOM, 1995 October: 56~59

[18] Lavonia E J, Grant N J. Spray deposition of metals: A review [J]. Mater Science Technol., 1988 (98): 381~394

[19] G. X. Wang, S. Sampath, V. Prassd and H. Herman. On the Stability of Rapid Planar Solidification during Mell-Substrate Quenching [J]. Mater. Sci. Eng. A, 1997, 226 ~ 228: 1035~1038

[20] Singer A. R. E. The principles of spray rolling of metals [J]. Metal Materials, 1970, 4 (6): 246~250

[21] Singer A R E. incremental solidification and harming metals technology [J]. Metal Materials, 1983, 10 (2): 61~68

[22] Apelian D, Mathijr P, Lawley A. Analysis of the spray deposition process [J]. Acta Metall., 1989, 37 (2): 429

[23] 傅定发，康智涛，陈振华．喷射沉积过程的理论模型［J］．材料导报，2000，14 (6)：16~18

[24] 屠海令，钟俊辉，周廉．有色金属进展（第七卷 有色金属新型材料）［M］．长沙：中南工业大学出版社，1995：226~227

[25] Singer A R E. Recent developments in the spray forming of metals [J]. Powder Metallurgy, 1985, 21 (3): 219~326

[26] Liamg H, Lavernia E J L. Solidification and microstructure evolution during spray atomization and deposition of Ni_3Al [J]. Materials Science and Engineering A, 1993, 161: 221~227

[27] White J, Willis T C. The production of metal matrix composites by spray deposition [J]. Materials & Design, 1989, 10 (3): 121~127

[28] Djuric Z, Grant P S. Two dimensional simulation of liquid metal spray deposition onto a complex surface. Modelling Simul [J]. Mater, Sci. Eng., 1999, 7: 553~571

[29] Brooks R G, Moor C, Leatham J G, et al. The osprey process [J]. Powder Met., 1977, 20 (2): 100~102

[30] Coautores E, Lavernia J, Szekely J, Grant N. A Mathematical Model of the Liquid Dynamic

compaction Process. Part I：Heat Flow in Gas atomization [J]. International Journal of Rapid Solidification，1988，4 (1/2)：89~150

[31] Coautores E，Lavernia J，Trapaga J，et al. A Mathematical model of the liquid dynamic compaction process [J]. Metallurgical Transaction A，January 1989，20：71~85

[32] 黄培云，粉末冶金原理 [M]. 北京：冶金工业出版社，1984：344~345

[33] Liang X，Lavernia E J. Evolution of interaction domain microstructure during spary deposition [J]. Metallurgical and materials transactions A，November 1994，25 (11)：2341~2355

[34] Hyang Jin Koh，Woo Jin Park，Nack J Kin. Identification of Metastable Phases in Strip-cast and Spray-cast Al-Fe-V-Si Alloys [J]. Materials Transactions，JIM，1998，39 (9)：982~988

[35] Frazier W E，Koczak M J，Lee P W. Influence of Temperature and Frequency on Fatigue Behavior of A High Temperature Aluminum Alloy Al-8. 5Fe-1. 3V-1. 7Si，in：Low Density，High Temperature Powder Metallurgy Alloys [J]. TMS，1991：100~288

[36] Humphreys E S，Warren P J，Titchmarsh J M，Cerezo A. Microstructure and chemistry of Al-Fe-V-Si nanoquasicrystalline alloys [J]. Materials Science and Engineering a-Structural Materials Properties Microstructure and Processing，2001，304：844~848

[37] Srivastava A K，Ojha S N，Ranganathan S. Microstructural features associated with spray atomization and deposition of Al-Mn-Cr-Si alloy [J]. Journal of Materials Science，2001，36：3335-3341

[38] Zhang Q，Rangel R H，Lavernia E J. Nucleation phenomena during co-injection of ceramic particulates into atomized metal droplets [J]. Acta mater，1996，44 (9)：3693

[39] Jones H. Rapid solidification of metals and alloys [M]. Inst Metallurgists，1982：185

[40] Lawley A，Apwlian D. Spray forming and metal matrix composited [C] //Proc the Second International Conference on Spray Forming. UK：Neath，1993：267

[41] Li B，Liang X，et al. Two dimensional modeling of momentum and thermal behavior during spray atomization of yr-TiAl [J]. Acta Mater，1996，44 (6)：2409~2420

[42] Grant P S，et al. Modeling of droplet dynamic and thermal histories during spray forming-I. Individual droplet behavior [J]. Acta metal. Mater，1993，41 (11)：3097~3180

[43] Srivatsan S T，et al. Review use of spray techniques to synthesize particulate-reinforced metal-matrix composite [J]. Mater. Sci，1992，27：5965~5981

[44] Gupta M，et al. Heat transfer mechanisms and their effects on microstructure during spray atomization and co-deposition of metal matrix composites [J]. Materials Science and Engineering，1991，44：99~110

[45] 孙玉峰，沈宁福，熊柏青，等. 原位生成 TiC 对快速凝固 A-8Fe 合金显微组织的影响 [J]. 中国有色金属学报，2002，12 (3)：505~510

[46] 张济山，陈国良. 雾化喷射沉积成形材料制备技术的新进展 [J]. 北京科技大学学报，1997，19 (1)：15~21

[47] 黎文献. 喷射沉积耐热铝合金相变研究. [C] // 铝-21 世纪基础研究与技术发展研

讨会论文集，2002，11：325

[48] 周尧和，胡壮斌，等．凝固技术［M］．第1版．北京：机械工业出版社，1998

[49] 孙剑飞，曹福祥，等．喷射成形过程中雾化熔滴的凝固行为［J］．特种铸造及有色合金，2001，3：12~35

[50] 张豪．喷射沉积板材成形与热应力研究［D］．长沙：中南工业大学，1998，4

[51] 罗守婧，田文彤，等．半固态加工技术及应用［J］．中国有色金属学报，2000，10（6）：765~768

[52] 崔成松，李庆春，等．喷射沉积快速凝固技术的发展概况［J］．宇航材料工艺，1995，6：1~9

[53] 孙剑飞，沈军，等．喷射沉积镍基高温合金的研究进展［J］．材料导报，1999，13（2）：10~12

[54] 谭敦强，黎文献．铝及铝合金熔体结构研究［J］．材料导报，2004，18（5）：27~30

[55] 唐宜平，黎文献，谭敦强．FVS0812 铝合金的制备与性能［J］．铝加工，2003，31（1）：31-37

[56] 肖于德，黎文献，李伟等．Decomposition processing and precipitation hardening of rapidly solidified Al-Cr-Y-Zr alloy［J］．Transactions of Nonferrous Metals Society of China，2002，1：226

[57] 周涛，黎文献．快速凝固耐热铝合金 FVS0812 真空脱气工艺的研究［J］．金属热处理，2001（4）：37~39

[58] Kun Yu，Songrui Li，Wenxian Li. Recrystallization behavior in an Al-Cu-Mg-Fe-Ni alloy with trace scandium and zirconium［J］．Mater. Tran．JIM，2000，41（EI）

[59] 杨军军，朱远志，黎文献，肖于德．Al-Fe-V-Si 耐热铝合金高温形变及流变应力研究［J］．铝加工，2001，24（2）：34~38

[60] 肖于德，黎文献．快凝 AlCrYZr 合金挤压成形与组织性能［J］．粉末冶金技术，2000，18（1）：23~27

[61] 肖于德，黎文献．快速凝固 AlCrYZr 合金组织性能的热稳定性研究［J］．稀有金属材料与工程，2000，29（1）：21~24

[62] 黎文献，杨军军．Al-Fe-V-Si 合金高温变形热模拟［J］．中南工业大学学报，2000，31（1）：56~59

[63] 黎文献，肖于德．锻造对喷射沉积耐热铝合金 AlFeVSi 组织性能的影响［J］．铝加工，1999，22（2）：33~36

[64] 朱宝宏，熊柏青，张永安，等．喷射成形 Al-8. 5Fe-1. 1V-1. 9Si 耐热铝合金中弥散强化相体积分数的确定［J］．稀有金属，2002，26（4）：76~79

[65] 朱宝宏，熊柏青，张永安，等．喷射成形工艺参数及热挤压制度对 8009 耐热铝合金的组织及性能的影响［J］．稀有金属，2003，27（16）：692~695

[66] 孙玉峰，沈宁福，熊柏青，等．TiC 对喷射沉积 Al-8. 5Fe-1. 3V-1. 7Si 合金显微组织和性能的影响［J］．中国有色金属学报，2001，11（2）：54~59

[67] 孙玉峰，张国胜，沈宁福，等．原位生成 TiC 对快速凝固 Al-Fe-V-Si 合金中“块状相”生成的影响［J］．金属学报，2001，37（11）：1193~1197

3 喷射成型 8009 耐热铝合金组织性能测试及热加工工艺实验

3.1 实验流程

喷射成型实验流程如图 3-1 所示。

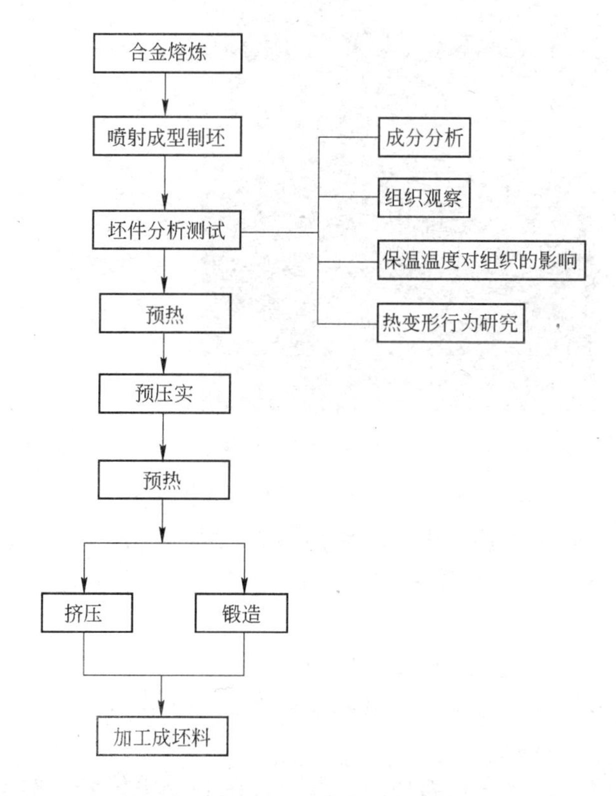

图 3-1　喷射成型实验流程

3.2 合金坯件的制备

3.2.1 喷射成型设备

喷射成型实验是在北京有色金属研究总院自行研制的SF-200型中试设备（图3-2）上完成。设备主要由六部分系统组成：熔炼系统、喷雾系统、沉积系统、供气系统、冷却系统和粉末收集系统。

图3-2 SF-200型喷射成型中试设备

（1）熔炼系统。此系统由中频电源控制柜、中频感应炉、坩埚、水冷电缆及转动倾转机组成。中频感应炉最大功率为160kW，工作频率为1200～2500Hz，最高熔炼温度为1600℃，坩埚容量为50kg铝。

（2）雾化系统。此系统由保温中间包、雾化室、雾化喷嘴及其扫描电机组成。雾化喷嘴在实验中做扫描运动，扫描角度为2.5°～3.5°，扫描频率为3～5Hz。

（3）沉积系统。此系统由接收盘及其运动的控制系统和闭路电视监控系统组成。接收基盘的运动包括接收基盘的旋转和升降。

(4) 供气系统。此系统由氮气储气瓶、气体汇流排、不锈钢通气管道、金属软管以及气体减压阀组成。减压阀的输出压力为0.1~2.5MPa。

(5) 冷却系统。此系统采用水冷方式冷却感应加热炉及雾化室腔壁。

(6) 粉末收集系统。此系统由粉末收集器和旋风分离器组成。在喷射成形过程中，大部分雾化熔滴（粉末）沉积到接收基盘上，过喷粉末进入雾化室下方的收集器中，其他细小粉末在气体排放的过程中经旋风分离后进入分离器下方的集粉器中。

3.2.2 合金成分

8009 耐热铝合金采用 Al-55%V 和 Al-8.5Fe-1.7Si 两种中间合金制备而成，实验制备的合金沉积坯件成分见表 3-1。

表 3-1 实验制备的合金沉积坯件成分

元　素	Fe	V	Si	Al
质量分数/%	8.5	1.3	1.7	其余

3.2.3 喷射成型实验

将中频感应炉熔炼功率调整到 50kW，使熔炼温度达到 1100℃，合金完全熔化后继续保温 10min，并在熔炼过程中对熔体进行搅拌混合。采用倾转坩埚浇注熔体至中间包的方式进行喷射成型实验。实验制备出的沉积坯件直径 180mm、高 200mm，收得率约为 64%。具体实验工艺参数见表 3-2。

表 3-2 喷射成型实验工艺参数

工艺参数	气体压力/MPa	实际喷射温度/℃	液滴飞行距离/mm	偏心距离/mm	接收器旋转速度/r·min^{-1}	接收器下降速度/mm·s^{-1}	气/液质量比
数值	0.6~0.9	1000~1050	450~600	20~45	45~60	2~3	3.0~4.5

3.3 Gleeble热模拟实验

热模拟实验在Gleeble-1500模拟机上完成，压缩试样为直径10mm、高15mm的小圆柱体，最大变形程度为70%。试样加热速度为10℃/s，保温时间为10min，变形温度分别为360℃、380℃、400℃、420℃、440℃、460℃、480℃，应变速率分别为$0.1s^{-1}$、$0.01s^{-1}$、$0.001s^{-1}$。压缩时，试样两端粘上石墨垫片以减少摩擦。变形过程由计算机控制，并自动采集有关数据。

3.4 热挤压实验

将沉积坯件加工为ϕ125mm的圆柱坯件，在410℃保温2h后，在800t热挤压机上进行热挤压实验，实验工艺参数见表3-3。

表3-3 热挤压实验工艺参数

工艺参数	挤压温度/℃	保温时间/min	突破压力/MPa	保持压力/MPa	挤压速率/$mm \cdot s^{-1}$	挤压比
数值	410	120	29	19	4	14 : 1

3.5 力学性能测试

将合金材料加工成拉伸试样（图3-3），在MTS-810实验机进行常温、150℃、200℃、250℃和315℃拉伸实验，拉伸速率为2mm/min，高温保温30min，以保证试样内外温度一致。室温力学性能的测试参照GB/T 228—2002，高温力学性能的测试参照GB/T 4003—1995金属材料。

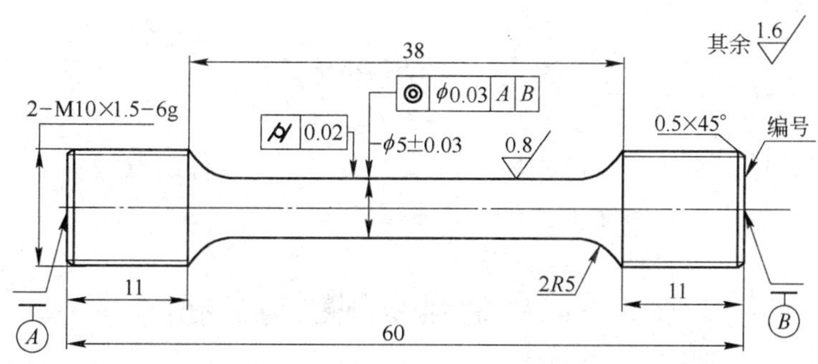

图 3-3 合金 Al-8. 5Fe-1. 3V-1. 7 合金拉伸试样图

3.6 锻造实验

表 3-4 为闷车和锻造实验的工艺参数。闷车实验在北京铝材厂的 1630t 挤压机上进行。锻造实验在东北轻合金有限责任公司的 3000t 水压机上完成。

表 3-4 闷车和锻造工艺参数

工艺参数	加工工艺	
	闷车	锻造
包套锻造	LY12 铝合金	45 碳钢
包套壁厚/mm	10	20
加热方式	中频感应加热	马弗炉加热
保温温度/℃	450	400
保温时间/min	5	120
保持压力/MPa	19	—
保压时间/min	3	—
设备吨位/t	1630	3000
变形速度/mm · s^{-1}	—	3
坯件变形前/后的直径	160/163	200/250
坯件变形前/后的高度	285/260	260/150
变形量/%	10	40

3.7　密度的测定

采用排水法测量沉积坯件、预压实件、挤压件以及锻件的密度，从而比较不同致密化工艺对合金密度的影响。

3.8　合金组织观察与分析

样品经研磨、抛光后，利用 195mL H_2O+5mL HNO_3+3mL HCl+2mL HF 侵蚀剂进行侵蚀，在 NEOPHOT-2 型光学显微镜下观察金相组织。

透射薄膜采用离子减薄制取，薄膜在 JEM-2000FX 型透射电镜及附加配置 NORANVOYAGER 型能谱仪和 JEM-2010 型高分辨电镜上做详细的显微组织分析。

合金的拉伸断口在 JSM-840 型扫描电镜上进行观察，同时利用扫描电镜的附加配置 NORAN-VANTAGE-DI4105 型能谱仪对合金中的不同位置和不同析出相进行成分分析。

XRD 分析在 Dmax-RD 型、12kW 旋转靶 X 射线衍射仪上进行，工作电压为 40kV，工作电流 150mA。

沉积坯件的 DSC 实验在 DSC2010 差示扫描量热仪上完成，升温速率为 10℃/min。

4 喷射成型 8009 耐热铝合金沉积态组织和性能的研究

以往大量研究表明，在光镜下，快速凝固 Al-Fe-V-Si 合金典型显微组织多呈光学无特征的 A 区组织或呈共晶形态的 B 区组织或两者混合的 A+B 区组织。在冷速大的雾化细粉和平面流铸造（PFC）薄带中，几乎完全呈 A 区组织[1~3]。快凝 Al-Fe-V-Si 合金的合金化程度高，一直以来多采用快凝粉末（包括平面流铸造甩带后粉碎成粉，熔体直接雾化快冷成粉等）来制备，采用快速凝固粉末冶金工艺制坯，可以通过充分破碎熔体或筛分，减小快凝初级产品特征尺寸，获得完全（或近乎于完全）由 A 区构成的坯料，对于成型后得到α-Al 固溶体加 $Al_{12}(Fe, V)_3Si$两相混合物的理想微细均匀组织，这是有利的。然而，采用粉末冶金方法生产大规格整体构件，生产工艺复杂，生产成本高。

传统上，人们多认为喷射沉积是介于粉末冶金和铸锭冶金工艺之间的近净成型制坯工艺，其平均冷却速度通常小于快速凝固雾化粉末（筛分后的细粉）和平面流铸造薄带的冷却速度。另外，喷射沉积过程中，雾化熔滴粒度分布宽，沉积表面状态复杂，这将导致沉积坯微区凝固行为存在差异，而出现不同的组织形态。显然，沉积坯中第二相的单一化、组织的微细化和均匀化不像粉末（片、丝、带）制坯那样容易控制。快速凝固 Al-Fe-V-Si 合金的组织粗细、均匀性以及连续致密性都会不同程度地影响材料的力学性能、变形与断裂行为。

喷射成型 Al-Fe-V-Si 合金具有良好的室温及高温力学性能，主要归因于该合金中含有细小的、弥散分布的第二相α-$Al_{12}(Fe, V)_3Si$。但是，由于冷却速度相对较低，合金中除了形成球状α-$Al_{12}(Fe, V)_3Si$ 耐热强化相外，还形成了一些其他的高温不稳定第二相，随着温度的升高，这些高温不稳定相将发生聚集、长大、多边形化等，甚至转变为对合金有害的相，导致合金的性能下降[4~9]。因此，研究喷射成型 8009(Al-8.5Fe-1.3V-1.7Si) 耐热铝合金的组织随温度的演变规律对合金后续致密化加工以及提高材料的性能具有重要意义。

4.1　沉积坯件的微观组织

4.1.1　沉积坯件的金相组织

图 4-1 为喷射成型 8009 耐热铝合金沉积态的金相显微组织。从图 4-1 中可以发现，该合金在光学显微镜下，观察不到析出的第二相，得到的金相组织为 A 区组织，即光学无特征组织，析出相极为细小、均匀；同时，从照片中还可以看到一些小黑点，是沉积坯中存在的疏松和孔洞等缺陷。

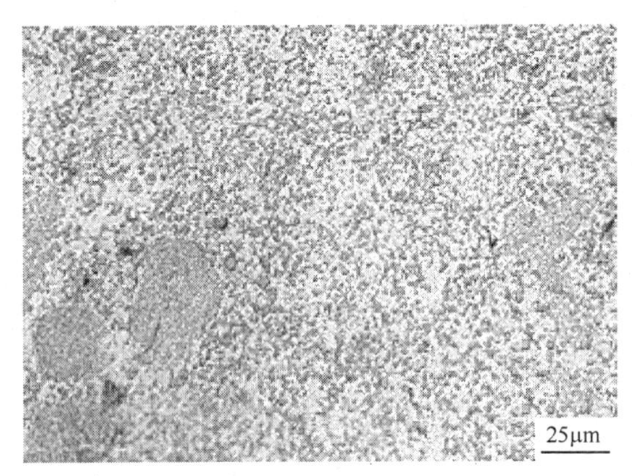

图 4-1　喷射成型 8009 耐热铝合金的金相显微组织

4.1.2　沉积坯件室温的 TEM 组织

图 4-2 为沉积态 8009 耐热铝合金中主要的第二相的 TEM 形貌及其选区衍射花样。由图 4-2 可见，合金中的第二相主要呈球形，尺寸细小，在 20~100nm 之间，弥散分布在铝基体上。衍射花样分析表明，这些第二相呈体心立方结构，结合能谱分析结果（表 4-1）可以推断这些第二相为α-$Al_{12}(Fe, V)_3Si$，该相为合金中的主要耐热强化相。

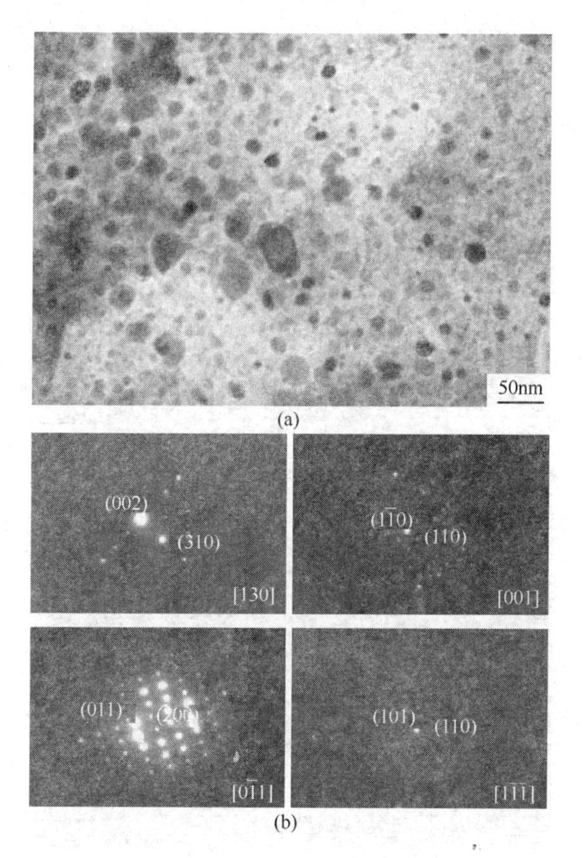

图 4-2 沉积态 8009 耐热铝合金中第二相的形貌及其选区衍射花样

表 4-1 球状第二相的能谱分析结果 (%)

元　素	Al	Fe	V	Si
质量分数	73.15	18.68	4.45	3.72
摩尔分数	83.03	10.25	2.67	4.05

图 4-3 为沉积态 8009 耐热铝合金中第二相形貌及其相应的衍射花样。图 4-3（a）中的第二相呈块状，相尺寸约为 380nm。图 4-5（c）中主要有细小的球状和尺寸较大的棒状两种形貌的第二相，其中细小的球状相是合金中的耐热强化相α-Al_{12}(Fe，V)$_3$Si。块状相和棒状相的衍射花样标定结果表明，这两种相都具有和α-Al_{12}

$(Fe, V)_3Si$ 相同的晶体结构，能谱显示这两种相成分上贫 V。

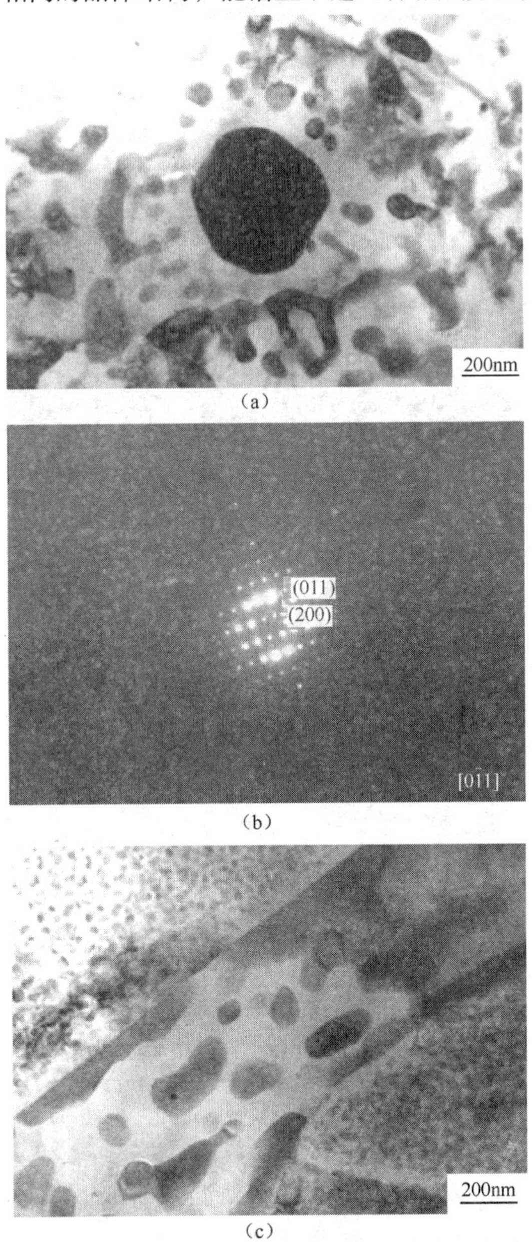

(a)

(b)

(c)

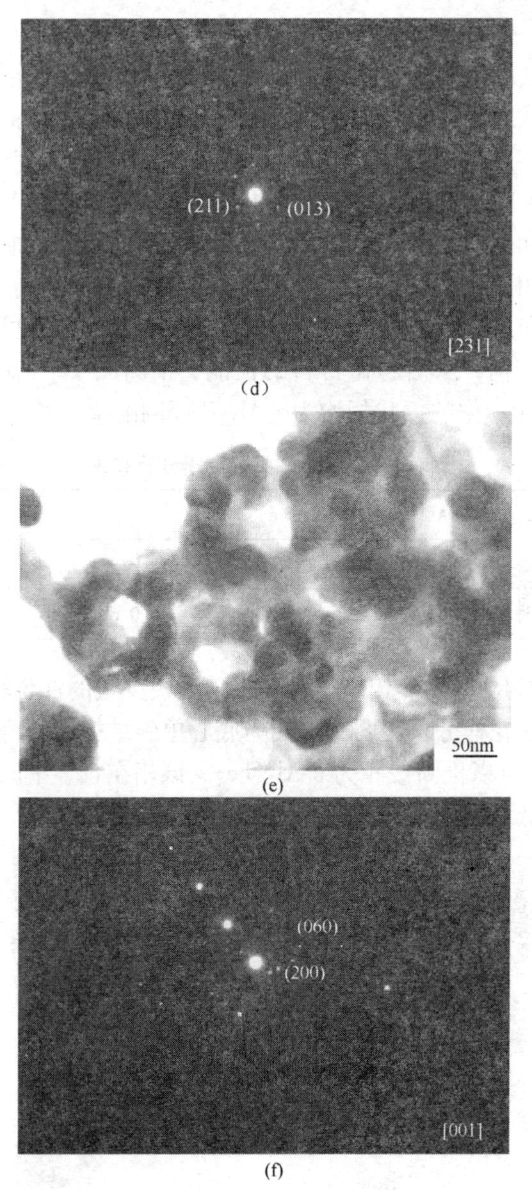

(d)

(e)

(f)

图 4-3 沉积态 Al-8. 5Fe-1. 3V-1. 7Si 合金中第二相形貌和衍射花样

(a)，(b) —块状第二相及其衍射花样；(c)，(d) —棒状第二相及其衍射花样；(e)，(f) —环状第二相及其衍射花样

图 4-3（e）中的第二相呈环状，在高倍显微镜下可以发现，这些环状组织实际上是很多细小的球状颗粒的簇集，选区电子衍射表明这些组成环状组织的细小颗粒具有和α-Al_{12}（Fe，V$)_3$Si 相同的晶体结构，对这些细小球状相进行能谱分析（表 4-2），结果表明：与α-Al_{12}(Fe，V$)_3$Si相比，这些细小的球状相在成分上贫 V，推测这些易聚集相是和球状耐热相有着相同结构的α-$Al_{12}Fe_3Si$ 相，这是一种高温不稳定相，在室温下对材料的强度有着一定的贡献，但当材料长期在高温下使用时，这些相就容易发生聚集长大，并有可能进一步转化为其他平衡相，从而恶化材料的性能。推测图 4-3（a）中的块状相和图 4-3（c）中的棒状相均为α-$Al_{12}Fe_3Si$ 相。

表 4-2 环状第二相的能谱分析结果 （%）

元　素	Al	Fe	V	Si
质量分数	71. 42	23. 04	0. 99	4. 55
摩尔分数	81. 67	12. 73	0. 60	5. 00

在沉积态 8009 耐热铝合金中还出现了极少量的针状相，如图 4-4 所示。其衍射花样分析表明，该相为底心单斜结构，结合能谱分析结果（表 4-3）可以推断该相为 θ-$Al_{13}Fe_4$。该相在合金中的存在导致合金的性能降低，因此 θ-$Al_{13}Fe_4$相是非常有害的。

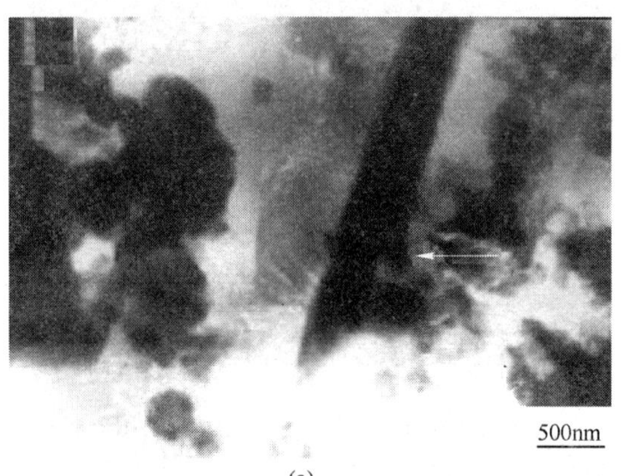

(a)

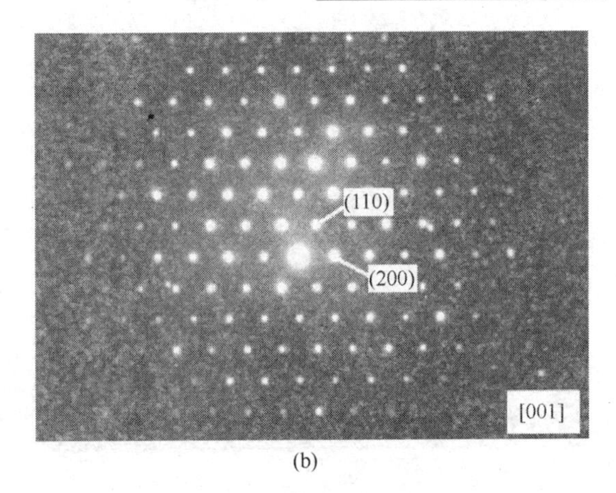

(b)

图 4-4 沉积态 8009 耐热铝合金中针状第二相形貌和衍射花样
(a) 明场像；(b) 衍射图

表 4-3 针状相能谱分析结果 (%)

元　素	Al	Fe	V	Si
质量分数	63.46	34.67	0.63	1.25
摩尔分数	77.64	20.49	0.41	1.47

沉积态 8009 耐热铝合金中局部区域出现了长条状第二相，如图 4-5 所示。该条状第二相只是在局部区域出现，聚集分布在铝基体上，其数量少，对其衍射花样进行标定，可以确定该相为 Al_9FeSi_3，四方结构，晶格常数 $a=6.09$nm、$c=9.44$nm。

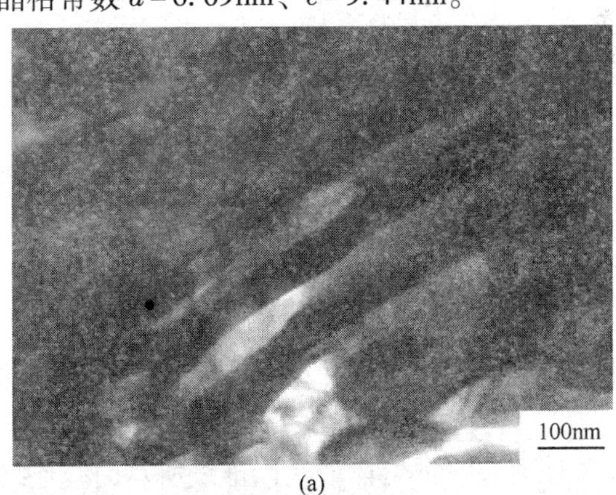

(a)

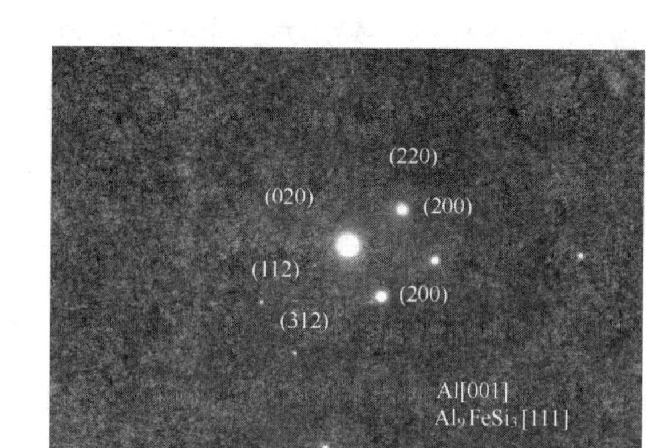

(b)

图 4-5　沉积态 8009 耐热铝合金条状第二相形貌和衍射花样
（a）明场像；（b）衍射图

由以上分析可以看出，沉积态 8009 耐热铝合金中含有的第二相主要为体心立方结构的α-Al_{12}(Fe，V)$_3$Si，该相主要呈球状或类球状弥散分布在α-Al 基体上，尺寸在 20～100nm 之间；还有少量的以环状、团状、短棒存在的尺寸比较大，具有和α-Al_{12}(Fe，V)$_3$Si 相结构相同的相，这些相在成分上贫 V，推测这些相为α-$Al_{12}Fe_3Si$ 相；合金中还含有少量的对合金性能不利的第二相 θ-$Al_{13}Fe_4$，该相呈针状分布在α-Al 基体上；除此之外，沉积态 8009 耐热铝合金中部分区域还出现了长条状的 Al_9FeSi_3。

4.1.3　沉积坯中的微观不均匀性形成机理[10]

从整体上看，喷射成型 8009 耐热铝合金试验坯各个不同位置的成分均匀性、沉积致密状况是一致的。但是，从微观上看，喷射沉积坯相组成复杂，显微组织形态多样，呈微观不均匀性。

喷射成型是熔滴以不同的状态撞击而沉积于复杂沉积表面的群体行为过程，雾化熔滴粒度呈随机正态分布。到达沉积表面时，熔滴大小不同，其温度、凝固状态各异。分散熔体液滴的冷却曲线如图 4-6 所示。

若无接受基底时，分散熔体液滴以虚线所示曲线连续冷却，细者

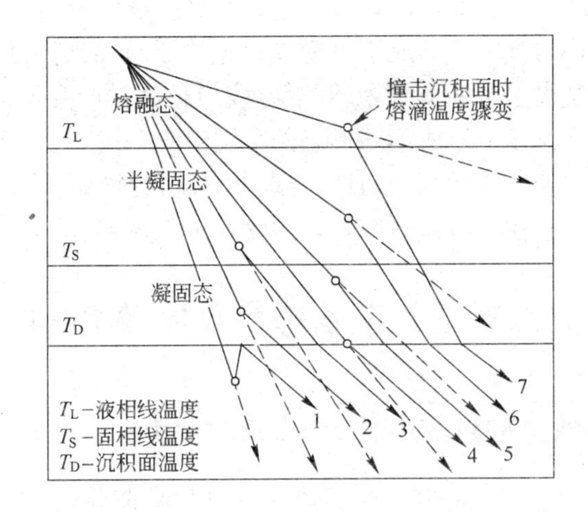

图 4-6　分散熔体液滴的冷却曲线

虚线—无基底的雾化；实线—喷射沉积

快淬，组织微细，粗者缓冷，组织粗大；然而，在喷射沉积过程中，液滴冷却在撞击沉积面后冷速骤变，飞行阶段快速降温的细小固相颗粒（或过冷液相熔滴）在沉积后，冷却减缓（曲线 2），甚至可能加热升温（曲线 1），而粗大液滴或半固态颗粒在撞击沉积表面而铺展的瞬间，液相冷却凝固速率突变，冷速提高（曲线 3、4）或下降（曲线 5、6、7）。另外，沉积表面存在由状态各异的雾化熔滴沉积而成的液/固混合薄层，表面不同微区间温度分布、凝固状态、导热环境等也不尽相同，故熔滴落点不同，也会不同程度地影响其冷却曲线。熔滴接触沉积表面后，周围环境发生突变，凝固过程相应改变，冷速提高，组织变细，冷速下降，组织变粗。非平衡液相线以上骤变，快淬可得均匀快速凝固组织；非平衡液相线与固相线温度区间骤变，快淬可得粗细混合组织，而固相线温度以下骤变，快凝亚稳组织则会发生加热转变。显然，欲获良好快凝态微细组织，关键在于快速通过非平衡液相线与固相线温度区间，抑制缓冷凝固组织产生。另外，非平衡液相线以上熔体的热历史也会不同程度地导致喷射沉积坯的微观不均匀性。熔体过热度不同，高温滞留时间不同，熔体成分与结构均匀程度不同，而在冷却过程中，在过冷液体中也会产生成分与结构微观不均匀微区，形成不可逆或可逆原子丛聚或团簇[11~13]，这将影响随后凝固过程中熔体初生相形核与长大，产生不同类型晶体相、准晶或非晶相，形成不同形态的凝固组织。

因此，改善熔体微观均匀性，减小熔体雾化液滴，降低沉积基底温度，将有利于获得组织微细均匀的喷射沉积坯。

4.2　温度对喷射沉积态合金显微组织的影响

4.2.1　喷射成型 8009 耐热铝合金的 DSC 曲线

图 4-7 为喷射成型 8009 耐热铝合金的 DSC 曲线。在实验过程中，合金从室温以 10℃/min 的加热速率升温到 500℃。由 DSC 曲线可以看出，合金在升温过程中无吸热峰出现，说明合金从室温加热到 500℃过程中没有发生明显的相变。

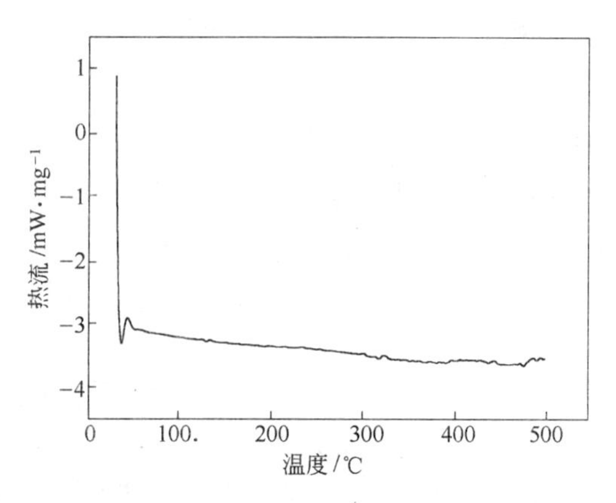

图 4-7　喷射成型 8009 耐热铝合金的 DSC 曲线

4.2.2　喷射成型 8009 耐热铝合金经保温后的组织

图 4-8 为沉积态 8009 耐热铝合金在不同温度下保温 3h 后的组织形貌。由图可以看出，喷射成型 Al-8. 5Fe-1. 3V-1. 7Si 合金在不同温

度保温后，合金中的球状耐热相α-Al_{12}(Fe，V)$_3$Si，尺寸变化不大，只是分布状态发生改变。合金在380℃以下保温3h，耐热相的形貌、尺寸均无明显变化；合金在420℃保温3h后，耐热相α- Al_{12}(Fe，V)$_3$Si呈一定取向分布在Al基体上；合金在480℃保温3h后，耐热相α-Al_{12}(Fe，V)$_3$Si呈线形排列；合金在500℃保温3h后，耐热相α-Al_{12}(Fe，V)$_3$Si呈网状排列。α-Al与α-Al_{12}(Fe，V)$_3$Si两相组织的尺寸和均匀性决定材料的力学性能[10]，α-Al_{12}(Fe，V)$_3$Si分布状态的改变也将对合金的力学性能产生不利的影响，导致合金的性能下降，因此在合金的后续加工过程中，加热温度不宜太高。

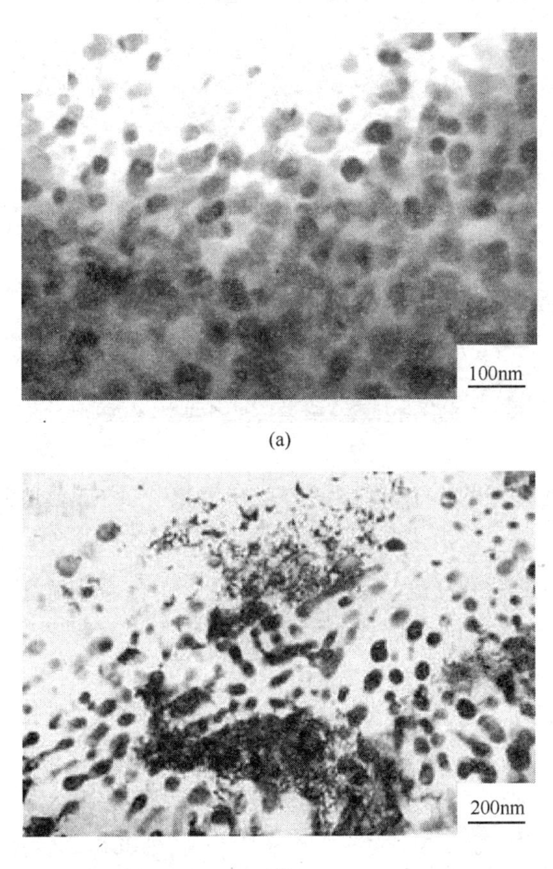

(a)

(b)

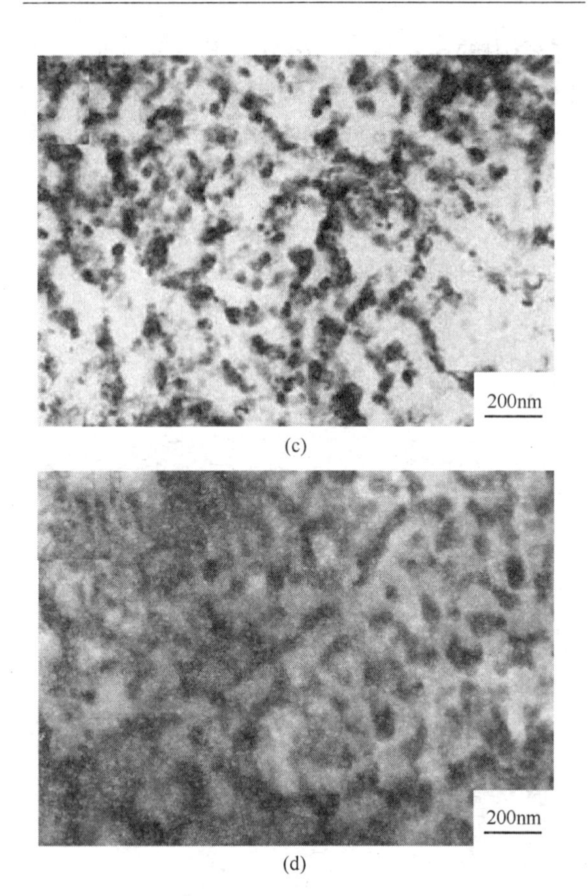

(c)

(d)

图 4-8 沉积态 8009 耐热铝合金在不同保温条件下耐热相的形貌
(a) 380℃×3h；(b) 420℃×3h；(c) 480℃×3h；(d) 500℃×3h

沉积态 8009 耐热铝合金在保温后，合金中除了含有主要的球状耐热相α-Al_{12}(Fe，V)$_3$Si 外，在合金的局部区域还存在一些粗大的第二相，主要有以下几种情况。

图 4-9 是沉积态 8009 耐热铝合金在不同温度保温 3h，合金中第二相形貌及其衍射花样。图 4-9（a）是合金在 380℃保温后，合金中多边形第二相形貌，该相尺寸接近 470nm，标定其衍射花样，可以确定该相为四方结构的 Al_9FeSi_3。图 4-9（c）是沉积态合金在 400℃保温后，合金中条状第二相形貌，可以看出，条状第二相在铝基体上

发散分布，对其电子衍射花样标定，确定该条状第二相具有体心立方结构，结合其能谱分析结果（表 4- 4），推测该条状相为 α-$Al_{12}Fe_3Si$。沉积态 8009 耐热铝合金在 420℃保温后，合金中发现了粗大的条状第二相，如图 4-9（e）所示。标定其衍射花样，可以确定该相为四方结构的 Al_9FeSi_3。沉积态 8009 耐热铝合金在 440℃保温 3h 后，合金中发现了团状第二相，如图 4-9（g）所示。该团状第二相尺寸在 370nm 左右，对其电子衍射花样标定，可以确定该相为亚稳的 Al_6Fe，底心正交，$a = 6.46$nm，$c = 8.78$nm。

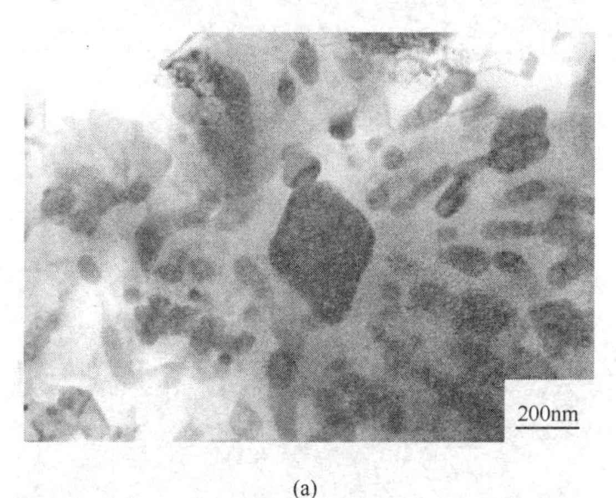

(a)

(b)

(c)

(d)

(e)

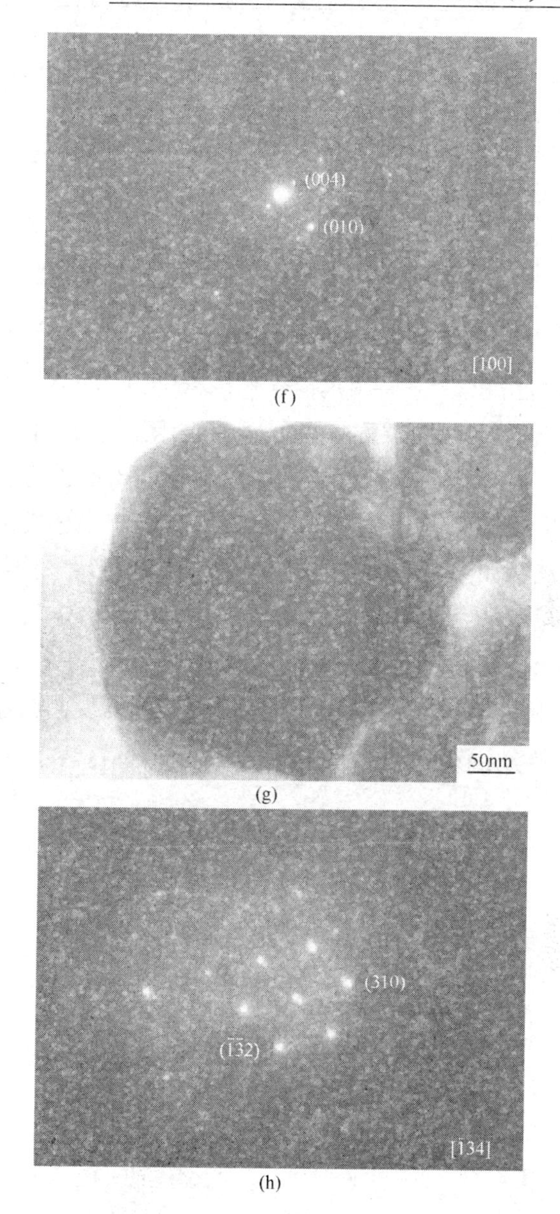

(f)

(g)

(h)

图 4-9 沉积态合金在不同温度保温 3 小时第二相形貌和衍射花样

(a)，(b) 380℃，多边形第二相及其衍射花样；(c)，(d) 400℃，条状第二相及其衍射花样；(e)，(f) 420℃，粗大条状第二相及其衍射花样；(g)，(h) 440℃，团状第二相及其衍射花样

表 4-4　条状相能谱分析结果　(%)

元　素	Al	Fe	V	Si
质量分数	76.16	19.99	0.39	3.45
摩尔分数	85.24	10.81	0.23	3.71

图 4-10 是沉积态 8009 耐热铝合金在 460℃保温 3h，合金中第二相的形貌及其衍射花样。图 4-10（a）中的团状相尺寸在 200nm 左右，对其电子衍射花样进行标定，可以确定该团状相为底心正交的 Al_6Fe；同时，沉积态合金在 460℃保温 3h，合金中还发现了块状和片状的第二相，如图 4-10（c）和图 4-10（e）所示。图 4-10（c）中块状第二相尺寸较大，标定其电子衍射花样可以确定其具有六方结构，结合能谱分析（表 4-5），可以确定该相为 Al_8Fe_2Si，$a=1.27$，$c=2.62$nm。图 4-10（e）中片状的第二相数量极少，标定其电子衍射花样，可以确定该片状相为四方结构的 Al_9FeSi_3。

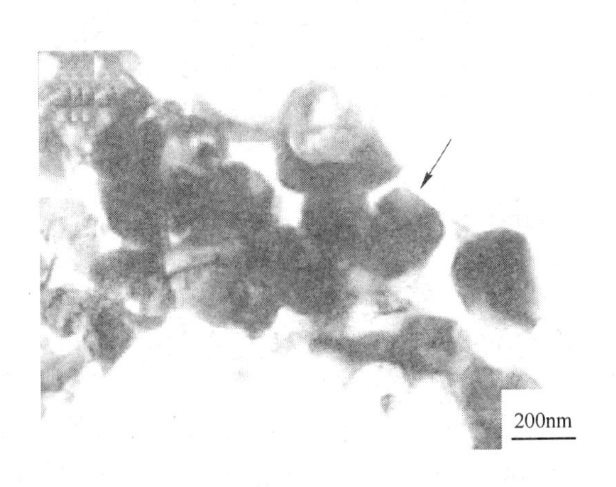

(a)

(b)

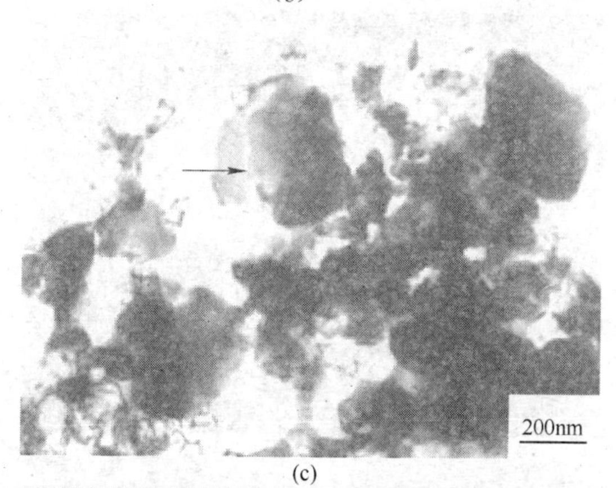

(c)

(d)

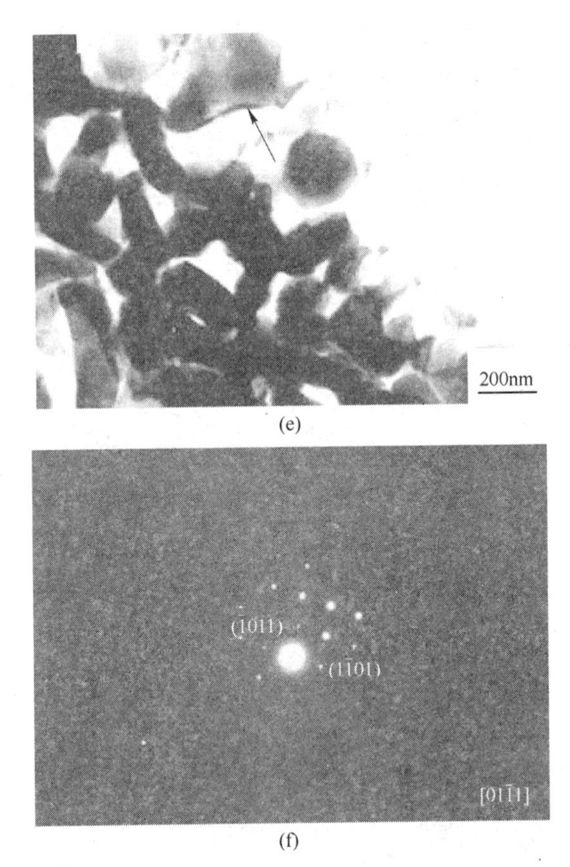

图 4-10　沉积态 8009 耐热铝合金在 460℃保温 3h，第二相形貌和衍射花样
（a），（b）团状第二相及其衍射花样；（c），（d）块状第二相及其衍射花样；
（e），（f）片状第二相及其衍射花样

表 4-5　块状相能谱分析结果　（%）

元　素	Al	Fe	V	Si
质量分数	68.10	25.2	0.00	6.70
摩尔分数	78.53	14.04	0.00	7.42

沉积态 8009 耐热铝合金在 480℃保温 3h，合金中发现了块状第二相，如图 4-11 所示。标定其电子衍射花样，可以确定该相为底心单斜的 θ-$Al_{13}Fe_4$。

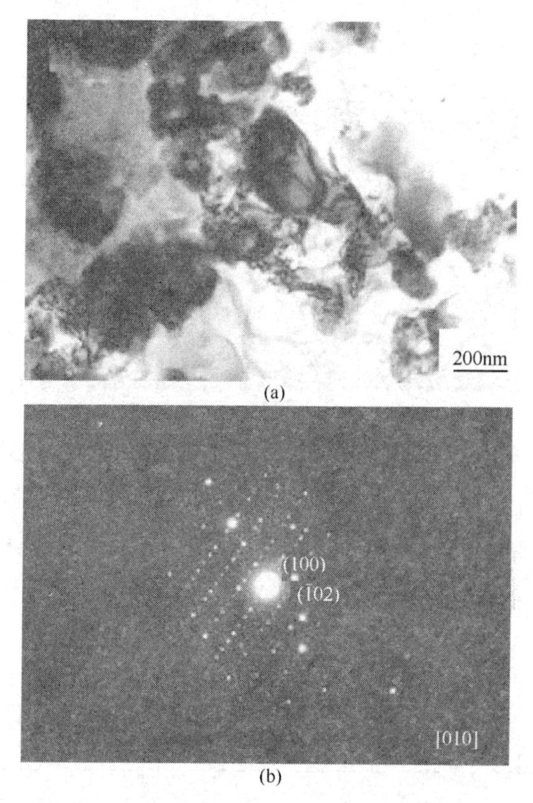

图 4-11 沉积态合金在 480℃保温 3h，第二相形貌和衍射花样
（a）明场像；（b）衍射图

图 4-12 是沉积态 8009 耐热铝合金在 400℃保温 24h，合金中发

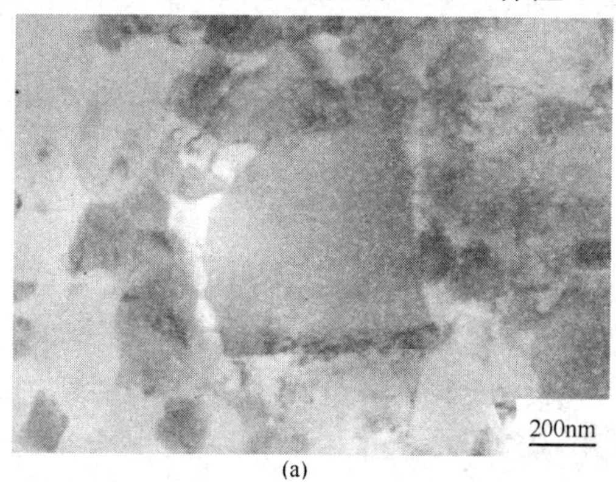

(a)

(b)

图4-12　沉积态合金在400℃保温24h，扇形第二相形貌和衍射花样
(a) 明场像；(b) 衍射图

现了扇形第二相。该相尺寸接近1μm，对其电子衍射花样进行标定，其具有六方结构，结合能谱分析（表4-6），确定该相为Al_8Fe_2Si。

表4-6　块状相能谱分析结果　（%）

元　素	Al	Fe	V	Si
质量分数	71.70	22.22	0.29	5.02
摩尔分数	81.33	12.18	0.17	6.32

保温后的合金中含有的这些粗大的第二相和未经保温沉积态合金中含有的第二相具有相似之处，由沉积态8009耐热铝合金的DSC曲线可以确定该合金从室温加热到500℃的过程中不会发生明显的相变。因此，合金在保温过程中没有明显的相变，保留了喷射成形过程中形成的第二相，合金中的粗大第二相是保温过程中由一些细小相聚集、长大、多边形化形成的。

4.2.3　沉积态合金的X射线分析

喷射成型8009耐热铝合金的XRD图谱（图4-13）表明，沉积态和400℃保温24h两种状态下，合金主要包括α-Al和体心立方结构的α-$Al_{12}(Fe, V)_3Si$相，同时合金中还包含少量的具有单斜结构的θ-$Al_{13}Fe_4$相。由图4-13可以看出，两种状态下，合金的XRD曲线中

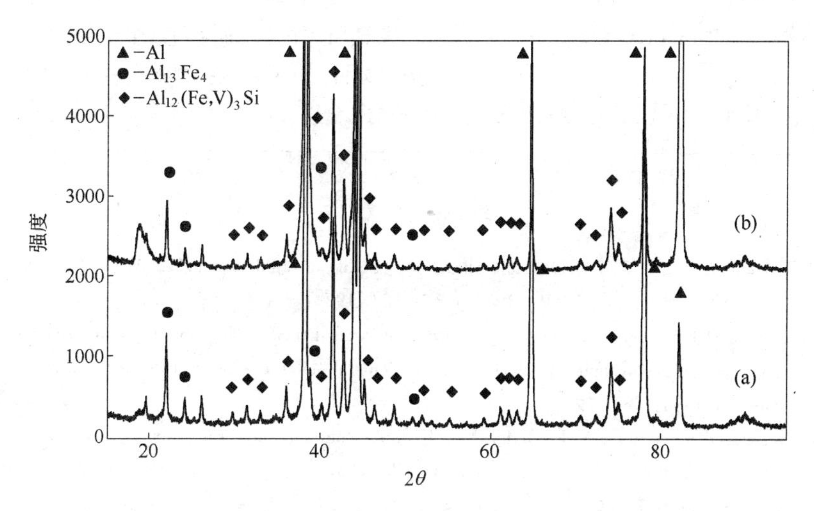

图 4-13 喷射成形 8009 耐热铝合金的 XRD 图谱

(a) 沉积态；(b) 400℃，保温 24h

α- $Al_{12}(Fe, V)_3Si$峰和 θ-$Al_{13}Fe_4$ 峰相近，这两种相的含量相近，θ-$Al_{13}Fe_4$峰没有增强，表明在 400℃ 暴露 24h 后合金没有发生向 θ-$Al_{13}Fe_4$相转变的相变。

由透射电镜观察可以发现，沉积态合金中还含有 Al_6Fe、Al_8Fe_2Si、Al_9FeSi_3，由于这些相的数量较少，因此在合金的 XRD 图谱中并没有显出来。

4.3 本章小结

(1) 材料在 420℃以下保温时，组织变化不大，当保温温度超过 420℃时，合金中的一些第二相发生了明显的长大和粗化，因此材料的后续热加工温度不宜超过 420℃。

(2) 利用喷射成型制备的 8009 耐热铝合金在 400℃保温 24h 后，合金的室温力学性能降低，高温性能没有发生明显的变化，表明材料具有良好的高温热稳定性。

(3) XRD 衍射物相分析表明，沉积态合金中，相组成主要为α-Al 和α-$Al_{12}(Fe, V)_3Si$ 相；在透射电镜下可以看到，合金中除了在基体上弥散分布着细小的α-$Al_{12}(Fe, V)_3Si$相外，还存在着少量呈球状、块状、条状、多边形等形状的第二相，研究结果表明这些相主要为θ-$Al_{13}Fe_4$、Al_6Fe、Al_9FeSi_3、Al_8Fe_2Si。

参考文献

[1] Loucif K, Vigier G, Merle P. Microstructural stability of rapidly quenched Al-Fe-Mo alloys [J]. Mater. Sci. Eng., 1995, 190 (1-2): 187~192

[2] Skinner D J. The physical metallurgy of dispersion strengthened Al-Fe-V-Si alloys. In: Dispersion Strengthened Aluminum Alloys [J]. The Mineral Metal and Materials Society, Warrendale. PA. 1988: 181~197

[3] Hariprasad S, Sastry S M L, Jerina Y L. Under-cooling and super-saturation of alloying elements in rapidly solidified Al-8.5Fe-1.2V-1.7Si alloy [J]. Journal of Materials Science, 31 (1996): 921~925

[4] Franck L R E, Hawk J A. Effect of very high temperatures on the mechanical properties of Al-Fe-V-Si Alloy [J]. Scripta Metallurgica, 1989, 23 (1): 113~118

[5] Vijay K V, Hamish L F. Identification of precipitates in rapidly solidified and heat-treated Al-8Fe-2Mo-Si alloy [J]. Scripta Metallurgica, 1987, 21 (8): 1105~1110

[6] Vijay K V, Hamish L F. Microstructure of rapidly solidified and heat-treated Al-8Fe-2Mo-Si alloy [J]. Materials Science and Engineering, 1988, 98: 131~136

[7] Subhash C K, Alan L Y, Michael J K. Creep and microstructural stability of dispersion strengthened Al-Fe-V-Si-Er alloy [J]. Materials Science and Engineering A, 1993, 167 (1-2): 11~21

[8] Lee J C, Lee S, Lee P Y, et al. The embrittement of a rapidly solidified Al-Fe-V-Si alloy after high-temperature exposure [J]. Metallurgical Transactions A, 1991, 22: 853~858

[9] Park W J, Ahn S, Nack J. Evolution of microstructure in a rapidly solidified Al-Fe-V-Si alloys [J]. Materials Science and Engineering A, 1994, 189: 291~299

[10] 肖于德. 快速凝固AlFeVSi耐热铝合金组织性能及大规格材料制备工艺的研究 [D]. 长沙：中南大学，2003：37

[11] Yali Tang, Ningfu Shen. Supersaturating of solute content in a-Al cell of rapidly quenched Al-8 mass%Fe [J]. Materials Transactions, JIM, 1993, 34 (7): 627~629

[12] 沈宁福，汤立万，关绍康，等. 凝固理论进展与快速凝固 [J]. 金属学报，1996，32 (7)：673~684

[13] 关绍康，汤亚力，沈宁福，等. 快速凝固Al-Fe其合金条带中准晶相的形成及稳定性[J]. 金属学报，1994，30 (4)：150~153

[14] 张荣华，张永安，朱宝宏，等. 温度对喷射成形Al-8.5Fe-1.3V-1.7Si耐热铝合金组织的影响 [J]. 中国有色金属学报，2005，15 (2)：17~22

5 喷射成型8009耐热铝合金塑性变形行为研究

随着计算机科学与技术的发展，材料加工研究中数值模拟技术的应用日趋广泛深入，利用数值模拟可以在计算机上逼真地再现材料加工全过程，有助于人们定量、直观、准确和全面地了解加工过程，优化工艺流程，调整工艺参数。近年来，数值模拟已成为现代生产过程中不可缺少的重要步骤。然而，作为数值模拟的基础，在实验条件下的物理模拟仍是必不可少的研究内容，它为数值模拟提供大量的实验结果，这也是构筑材料模型以及选定相关边界条件的实验依据。因此，在研制、生产、使用新型材料时，新型材料在加工和使用条件下的塑性变形与断裂行为是必须开展研究的重要内容之一。

众所周知，材料塑性变形与断裂行为很大程度地取决于材料微观结构，包括位错结构、晶粒大小与位向，以及合金相形状、大小与分布状况特征。快速凝固 Al-Fe-V-Si 合金的合金化程度高，$Al_{12}(Fe, V)_3Si$ 体积分数高达 20%~40%，组织高度细化，第二相颗粒尺寸处于纳米量级，α-Al 晶粒处于亚微米量级。而且，这种高度细化的组织也具有极高的热稳定性。因而，快速凝固 Al-Fe-V-Si 合金变形抗力大，加工困难，而且其室温、高温的塑性变形与断裂行为也呈现与沉淀硬化型常规铝合金（晶粒在 1μm 以上）所不同的规律[1~25]。

快速凝固（PFC）Al-Fe-V-Si 合金在室温拉伸变形时，其应力-应变曲线上表现如下特征[1~7]：弹性变形区呈非线性，均匀变形区小，在很低应变范围里即发生缩颈，无明显加工硬化，甚至呈现加工软化趋势。这似乎都与快凝 Al-Fe-V-Si 合金组织极其微细有关，（亚）微米量级的 Al 晶粒以及纳米量级第二相颗粒导致快凝 Al-Fe-V-Si 合金中存在大量的相界和（亚）晶界，对位错的增殖、运动、消失的行为规律产生特殊影响。另外，快凝 Al-Fe-V-Si 合金随着温度升高在

100~300℃温度范围内会出现中温脆性现象，存在强度下降缓冲的塑性低谷区。

喷射沉积Al-Fe-V-Si合金的组织虽然极度细化，但与快凝粉末Al-Fe-V-Si合金的相比，组织或多或少有些粗化，而且存在较严重的组织不均匀性，显然，这将不同程度地影响喷射沉积Al-Fe-V-Si合金塑性变形与断裂行为。目前，有关喷射沉积Al-Fe-V-Si合金的塑性变形与断裂行为研究尚未见报道，因而，有必要选择快凝雾化粉末Al-Fe-V-Si合金为对比材料，采用热/力物理模拟试验，系统地研究喷射沉积Al-Fe-V-Si合金在使用温度范围（25~400℃）和加工温度范围（350~550℃）内的塑性变形与断裂行为，这不仅可以为开展快凝Al-Fe-V-Si合金加工过程的数值模拟研究提供物理实验基础，而且对快凝Al-Fe-V-Si合金的合理使用以及其加工工艺的优化控制都有十分重要的意义。

5.1　快速凝固Al-Fe-V-Si合金在25~400℃范围内变形行为[26]

5.1.1　快速凝固Al-Fe-V-Si合金25~400℃范围内力学性能随拉伸温度的变化

快速凝固Al-Fe-V-Si合金力学性能（强度与伸长率）随拉伸温度的变化关系如图5-1所示。实线为喷射沉积Al-Fe-V-Si合金挤压棒材的，虚线为快速凝固Al-Fe-V-Si粉末挤压棒材的。

可见，快速凝固Al-Fe-V-Si合金的屈服强度和抗拉强度均随拉伸温度升高而单调下降，但在100~300℃有所缓冲，强烈缓冲的温度范围为200~250℃。材料的伸长率随拉伸温度升高先减后增，在100~300℃存在着一个中温脆性区，200~250℃达到塑性低谷；高于300℃后强度继续随温度升高而下降，伸长率随温度升高而增加。

在整个试验温度范围里，与快凝雾化粉末挤压棒材的相比，喷射沉积挤压管材的强度偏低，伸长率明显提高，但二者的力学性能随温度变化规律是一致的，这与文献[1~2]报道的快速凝固（PFC）Al-Fe-

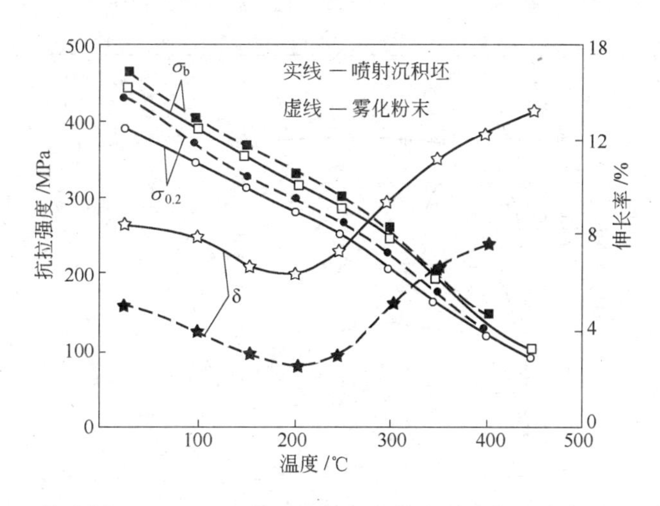

图 5-1 快速凝固 Al-Fe-V-Si 合金 PEB 和拉伸力学性能随温度的变化关系

V-Si 合金的相似。

5.1.2 快速凝固 Al-Fe-V-Si 合金 25~400℃的拉伸变形应力-应变曲线

快速凝固 Al-Fe-V-Si 合金粉末挤压棒材 PEB 的峰值应力明显高于喷射沉积 Al-Fe-V-Si 合金挤压棒材 DEB 的峰值应力，如图 5-2 所示。室温（25℃）拉伸时，PEB 的加工硬化率 n 低，在很小应变下即发生颈缩，而达到峰值应力后，呈加工软化，几乎无稳态流变区，均匀延伸（uniform elongation）小，但存在较大不均匀塑性变形（inhomogeneous deformation），其应力-应变曲线所表现出的形态与文献[1~2]所报道的平面流铸造（PFC）Al-Fe-V-Si 合金类似，而与常规铝合金的完全不同。然而，喷射沉积 Al-Fe-V-Si 合金挤压棒材 DEB 在应力达到峰值应力前呈明显加工硬化，n 较大，发生了较大的由加工硬化控制的均匀塑性延伸，达到峰值应力后，加工硬化与加工软化均不明显，塑性延伸进入平稳流变阶段，总伸长率增大，这得益于喷射沉积 Al-Fe-V-Si 合金中粗细组织的条带协调变形。

随着拉伸温度升高，快速凝固 Al-Fe-V-Si 合金 PEB 和 DEB 的应力-应变曲线的峰值应力明显降低，应力水平也整体下降。然而，与

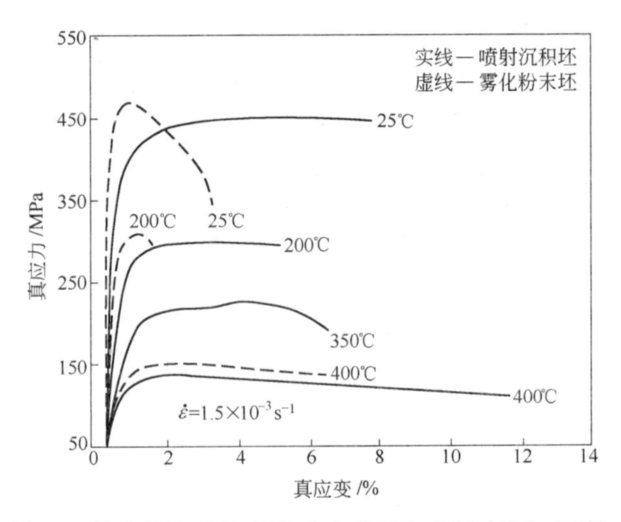

图 5-2 快速凝固 Al-Fe-V-Si 合金 PEB 和 DEB 在 25～400℃拉伸应力-应变曲线

25℃的相比较，在 200℃和 350℃的应力-应变曲线上可以观察到：PEB 达到峰值应力后的不均匀塑性延伸减小，DEB 在平稳流变阶段发生的不均匀塑性延伸也缩短，故 PEB 和 DEB 的总伸长率均有所减小。拉伸温度高于 350℃，达到峰值应力后的平稳流变延伸量增大，总伸长率也有明显增大。400℃的应力-应变曲线呈现出由动态回复软化所控制的稳态流变模式特征，PEB 和 DEB 力学行为随拉伸温度的变化规律与文献［4～7］报道的快速凝固（PFC）Al-Fe-V-Si 合金的相似。

5.1.3 喷射沉积 Al-Fe-V-Si 合金 25～400℃压缩变形应力-应变曲线

在 25～400℃的温度范围内，变形温度和应变速率对喷射沉积 Al-Fe-V-Si合金压缩变形行为的影响规律如图 5-3 所示。

从总体上看，喷射沉积 Al-Fe-V-Si 合金挤压管材 DEG1 试样的压缩变形应力-应变曲线形态类似于拉伸应力-应变曲线的，在达到峰值应力前，压缩变形曲线存在有小于 8%的均匀塑性变形，呈明显的加工硬化，达到峰值应力后，进入平稳流变阶段，加工硬化低，甚至呈

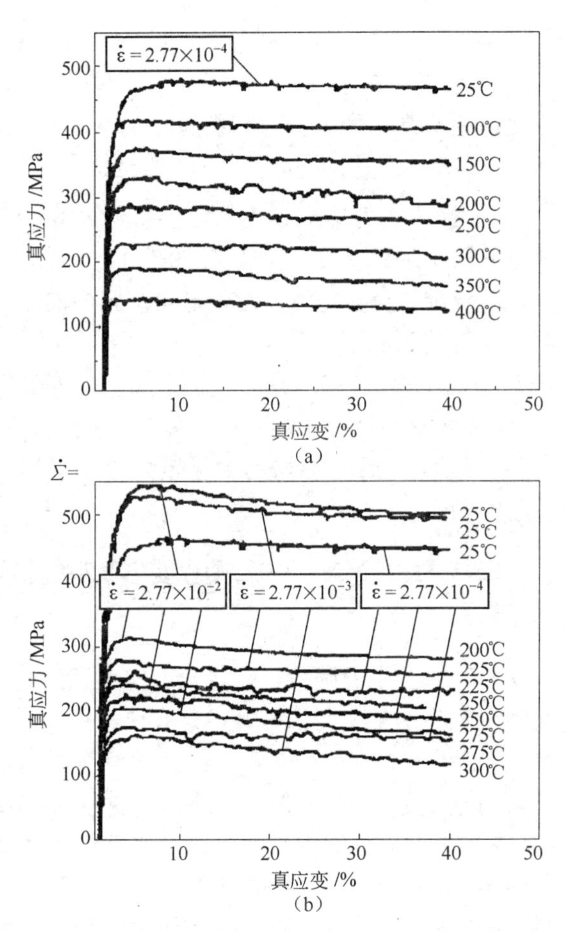

图 5-3　喷射沉积 Al-Fe-V-Si 合金挤压材料 DEG1 在 25~400℃典型压缩变形应力-应变曲线

(a) 不同温度的压缩曲线，$\dot{\varepsilon}=2.77\times10^{-4}s^{-1}$；(b) 不同温度和应变速率的压缩曲线

现加工软化趋势。对比分析喷射沉积 Al-Fe-V-Si 合金挤压管材在相同应变速率（$\dot{\varepsilon}=2.77\times10^{-4}s^{-1}$）条件下不同温度压缩变形的应力—应变曲线，如图 5-3（a）所示。由图 5-3（a）可见，随温度升高，在应力水平整体降低的同时，均匀压缩变形有所减小；而且，在 150~300℃的压缩曲线上可以观察到平稳流变阶段上出现流变应力无规则波动，这种无规则波动在形态上不同于动态应变时效（dynamic strain ageing, DSA）效应所引起的周期性锯齿流变。在同一变形温度下，对比不同应变速率的压缩曲线，如图 5-3（b）所示。由图 5-3（b）可见，随着应变速率提高，峰值应力和稳态流变应力有所提高，这表明喷射沉积 Al-Fe-V-Si 合金是正应变速率敏感材料。另外，在 150～300℃随着应变速率提高，低应变速率（$\dot{\varepsilon}=2.77\times10^{-4}s^{-1}$）压缩变形时在平稳流变阶段出现的流变应力无规则波动有所减弱，这表明喷射沉积 Al-Fe-V-Si 合金低应变速率变形呈现更加强烈的不稳定性，而应变速率提高，流变趋于稳定。

因此，快速凝固 Al-Fe-V-Si 合金中温脆性现象是由于在 100～300℃温度范围内塑性变形过程中出现的不稳定流变，导致材料在超过峰值应力（抗拉强度）后的不均匀变形量减小，而提早失稳、断裂，呈现出较小的塑性。

5.1.4　快凝 Al-Fe-V-Si 合金 25～400℃塑性变形微观机制与中温脆性机理的探讨

发生在 100～300℃的中温脆性通常伴随着应变硬化效应，导致随着温度升高而强度下降的幅度得以缓冲，这在快速凝固耐热铝合金中是常见的现象。

最初有人认为是氢原子对位错反复钉扎与脱钉而诱发的氢脆现象[27,28]，后来普遍认为是由位错与溶质原子交互作用而产生的动态应变时效（dynamic strain ageing, DSA）所引起[28,29]，在 Al-Fe-X 合金中被认为是慢扩散原子 Fe 对位错的拖曳作用的结果。然而，Mitra 等[5,30]对 DSA 之说提出了异议，认为快速凝固（PFC）FVS1212 合金在 100～150℃应变速率约 $10^{-5}s^{-1}$时 DSA 效应是明显的，而在 200～300℃开启 DSA，扩散系数最小的组元（Fe）的扩散速率也显得太大。同时，Mitra 等[1,5,30]也指出，快速凝固 Al-Fe-V-Si 合金颗粒和基体的弹性差异导致其界面处产生剪切应力，剪切应力超过某一临界值，在界面处萌生位错，而对于中温应变硬化行为，任何一个物理模型除了须解释位错萌生外，还须包括如下内容：（1）极低的初始位错密度和极短的位错滑移程；（2）位错源的分布；（3）可动位错与颗粒的交互作用（如在分离侧颗粒对位错吸引钉扎）；（4）位错恢复，随着组织高度细化，扩散距离缩短，位错恢复容易；（5）应变硬化的应变速率不敏感性。

作者更认同 Mitra 的观点，并且认为快速凝固 Al-Fe-V-Si 合金的中温异常应变硬化行为主要还是与 a-Al+Al_{12}(Fe, V)$_3$Si 颗粒弥散分布型微细组织特征有关，原因在于：（1）铝合金的 DSA 效应通常伴随着锯齿屈服流变，即 Portevin-Le Chatelier（PLC）效应[31~36]。然而，试验中并没有观察到明显的锯齿屈服现象，在 Bouchand 等[28]的 DSA 研究试验中在 $5\times10^{-5}s^{-1}$，变形速率下也未观察到明显的 PLC 流变效应。（2）微细组织变形时，可动位错难以在晶内稳定存在，而基体/颗粒在几何上协调变形，可能在颗粒附近有几何协调位错产生，但也多堆积或吸附于相界或（亚）晶界上，热影响下也易湮灭于界面。因此，控制材料塑性变形行为的是位错在界面的运动、界面滑移与转动，而不是位错的晶内运动。（3）在粗大组织中硬化行为受控于位错的可动性，在晶内自由滑移程上溶质气团的确会阻碍可动位错运动；然而，事实上，对于如图 5-4 所示的高度细化组织而言，随着组织粗化，快速凝固 Al-Fe-V-Si 合金中温脆性现象有减弱的趋势。

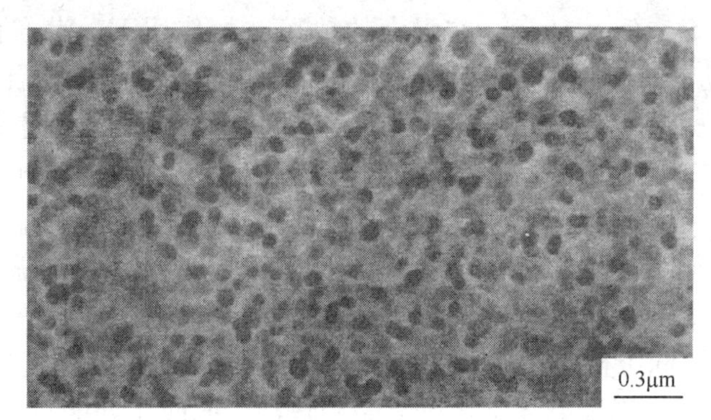

图 5-4 喷射沉积 Al-Fe-V-Si 合金 DEG1 中组织高度细化的 a-Al+Al_{12}(Fe, V)$_3$Si 两相混合组织

5.1.4.1 颗粒和晶粒的高度细化导致位错运动模式的改变

虽然随着晶粒超细化，材料塑性变形在较低温度就有可能向高温

扩散蠕变的变形模式过渡[29]，但是，对于快凝 Al-Fe-V-Si 合金而言，在 100~300℃扩散蠕变机制尚不足以成为控制其塑性变形行为的主导模式[1,2,5,30]。因此，在 100~300℃的温度范围，快速凝固 Al-Fe-V-Si 合金的变形抗力增量仍主要归功于林位错障碍、颗粒和晶界的阻碍。通常，晶粒尺寸小于 250nm，与位错自由滑移距离相当，晶内位错交截难，位错减少[37~41]。图 5-4 所示为喷射沉积 Al-Fe-V-Si 合金中典型的 α-Al+$Al_{12}(Fe,V)_3Si$ 两相混合组织，组织高度细化。可见，在快凝 Al-Fe-V-Si 合金中 $Al_{12}(Fe,V)_3Si$ 颗粒和 a- Al 晶粒都极其细小，颗粒间基体也极其“狭窄”，Ls 远小于位错滑移自由程（0.3~0.5μm），位错难以以各种排列方式或自由地稳定存在颗粒间 a-Al 基体上。因此，快速凝固 Al-Fe-V-Si 合金通常初始位错密度极低，在“狭窄”的 Al 基体上几乎不存在游离的位错，也难以出现强烈的位错交截与缠结（这也是发生塑性变形时加工硬化率低的原因）。

因此，快速凝固 Al-Fe-V-Si 合金在低于 300℃温度下发生塑性变形过程中位错运动的阻碍主要来源于颗粒和晶界。然而，大量相界和晶界的存在、初始位错密度低和滑移程短的组织特征，也导致快凝 Al-Fe-V-Si 合金塑性变形过程中位错运动模式的改变。

如图 5-5（a）所示，在强大的剪切应力作用下，潜在位错源（A）启动，萌生并“发射”位错（位错发射包括位错源开启与位错脱钉离去两个过程），位错可以在极其“狭窄”的颗粒间空间（基体）上实现无阻滑移，极其容易横穿无阻通道，到达对面的界面（B）处，位错滑移受阻，或在界面附近，沿界面短程攀移；或陷入界面，转化为界面位错，沿界面短程攀移，绕过障碍，脱钉离去（C），激发相邻的“狭窄”Al 基体变形。

当然，除了相界外，位错也可萌生于晶界，受阻于晶界，进入晶界的为界面位错沿晶运动，造成晶粒转动，或向相邻晶粒“发射”位错，激发相邻晶粒变形。

在整个过程中，在相界间 Al 基体上不存在位错交截、缠结与塞积，在晶界间 Al 基体上也不存在，故“干净”微小基体构成了位错运动的无阻通道。在这种情形下，位错产生、脱钉以及沿界面短程攀移就成为了材料塑性变形的速率控制过程，而材料的变形抗力则主要由完成位错“发射”过程以及实现位错沿界面短程攀移所需应力大小来决定。

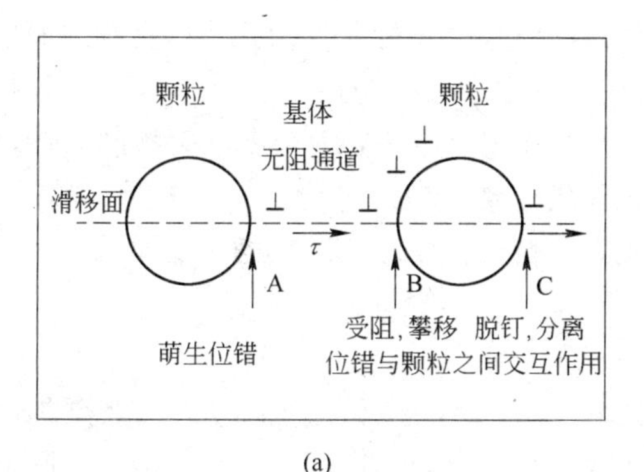

(a)

(b)

图 5-5 快速凝固 Al-Fe-V-Si 合金塑性变形过程中位错在 Al 基体上的无阻通道运动模式
（a）无阻通道运动；（b）伴生的微孔与“坎”

快速凝固 Al-Fe-V-Si 合金中也存在大量的相界和（亚）晶界，这些界面既可以是潜在位错发射源[42~45]，也可以成为位错滑移的障碍和湮灭的陷阱。横穿基体的位错受阻并湮灭于界面，在滑移带与界面相交处萌生微孔，当然，有时仅为微小台阶（坎），如图 5-5（b）所示；而界面位错沿界面运动，除了引起晶体转动外，也可能塞阻于晶界台阶（坎）、粗大颗粒、三叉晶界等处，也会形成微小台阶，或萌生微孔。

在微小台阶处易出现应力集中，故微小台阶可以为继续变形提供大量易开启位错源，然而，随着变形增大，应力集中也造成在滑移带与界面相交处和界面位错塞积处萌生微孔，微孔长大而成为微孔聚合损伤的裂纹源，萌生裂纹，裂纹萌生、长大、扩展、连接，而导致材料最终断裂。因此，快凝Al-Fe-V-Si合金断裂机制与传统沉淀强化型材料的类似，是以微孔聚合模式进行。不同的是，晶界位错的增殖、运动与塞积也成为影响材料变形与断裂的主要原因。

5.1.4.2 潜在位错源的启动与分布

在快速凝固Al-Fe-V-Si合金粗大组织中，可观察到位错源大量存在，如图5-6所示。双边Frank-Read位错源、单边Frank-Read位错源、颗粒相界发射位错源、晶界/亚晶界角隅发射位错源等都是粗大组织中常见的位错源，在剪切应力作用下，可以被激活，向颗粒间“空旷”的Al基体上发射位错，导致位错增殖。

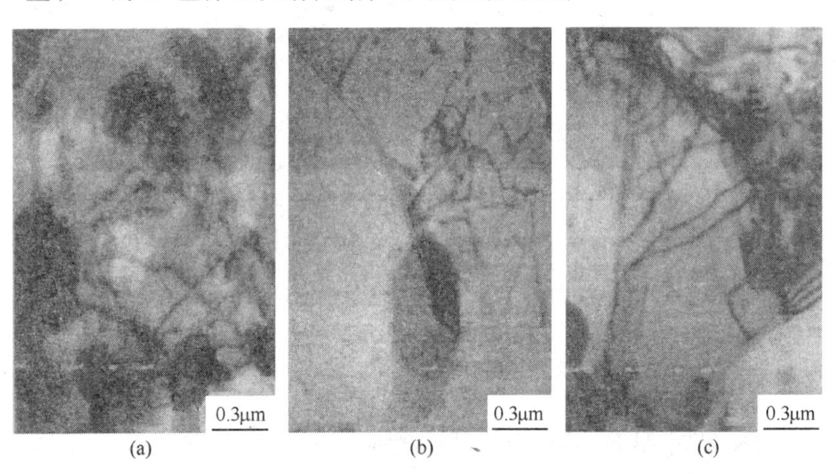

图5-6 快速凝固Al-Fe-V-Si合金粗晶组织中存在的主要位错源
（a）Frank-Read位错源；（b）颗粒相界发射位错源；（c）晶界/亚晶界角隅发射位错源

在a-Al+Al_{12}(Fe，V)$_3$Si颗粒弥散分布型微细组织中也存在类似的潜在位错源，位错也可以产生于晶界、相界等界面边缘、台阶、三叉角隅以及其他易产生应力集中处。因此，快速凝固Al-Fe-V-Si合金中潜在位错源大量存在，且均匀分布，只是在 L_s 远小于 0.3~0.5μm 的组织中，潜在位错源启动相对困难，而位错难以以各种排列方式或自由地稳定存在于颗粒间基体内。

在塑性变形过程中，易开启的潜在位错源率先启动，位错无阻滑移后在界面产生微小台阶，它们的微小台阶大量将动态地存在，同时，可动位错增多，也会组构成易开启的 Frank-Read 位错源；另外，晶体转动使一些原本难开启的潜在位错源变成取向有利的易开启位错源，这将为材料进一步变形提供更多易开启位错源。这样，易开启位错源剧增，可产生更多的可动位错，横穿基体而湮灭，这是造成材料呈软化趋势的原因。

5.1.4.3 可动位错与颗粒间交互作用与位错恢复

在快速凝固 Al-Fe-V-Si 合金组织中，位错通过 $Al_{12}(Fe, V)_3Si$ 颗粒，可能以 Orowan 机制滑移绕过，也可能以短程攀移越过。随着颗粒和晶粒的高度细化，后者可能成为主导。而以短程攀移通过时，位错与颗粒之间存在着一个相互吸引与最后分离过程。这些在透射电镜下可得到证实。

在快速凝固 Al-Fe-V-Si 合金粗大组织中，位错晶内滑移，若以 Orowan 机制滑移绕过 $Al_{12}(Fe, V)_3Si$ 颗粒，通常会留下 Orowan 位错环。然而，如图 5-7 所示，位错通过颗粒后未留下 Orowan 位错环，但可以观察到，如黑色箭头所指，位错在与颗粒作用时，有小段位错线吸附于颗粒表面（相界），或靠近，或离去。这表明位错与颗粒相界存在吸引作用，在剪切应力作用下，位错靠近时，吸引力促使位错靠近或进入界面；而离去时，却有阻碍位错脱钉离去。这也印证了 Rosler 及 Arzt 提出的位错吸引与分离模型[46,47]。

在室温下，位错以 Orowan 机制滑移绕过颗粒时，克服颗粒阻碍所需的附加应力[48]：

$$\tau_{or} = F_{max}/bl \approx 1.6T_L/bL \quad (5\text{-}1)$$

式中 F_{max}——位错与颗粒间最大交互作用力；

b——位错柏氏矢量；

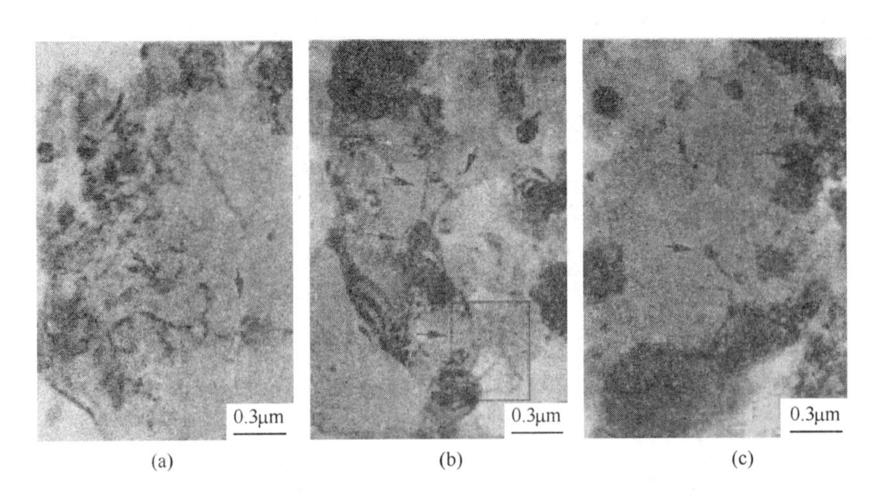

(a) (b) (c)

图 5-7 快速凝固 Al-Fe-V-Si 合金的粗晶组织中存在的主要位错源

(a) 25℃, $\dot{\varepsilon}$ = 2.77×10^{-4}s^{-1}; (b) 200℃, $\dot{\varepsilon}$ = 2.77×10^{-4}s^{-1}; (c) 350℃, $\dot{\varepsilon}$ = 2.77×10^{-4} s^{-1}

l——位错线上有效障碍物间距, $l=\dfrac{L}{[F_{\max}/(2T_L)]}$;

T_L——位错线张力;

L——颗粒间距, $L=0.5(2\pi/3)^{1/2}f^{-1/2}D$;

f——颗粒体积分数;

D——颗粒直径。

然而,随着 r 增大, D 减小, r 增大,滑移绕过变得困难。

若位错以攀移通过颗粒,则有:

$$\tau_c=(2T_l/bl)(R/2)^{3/2} \qquad (5\text{-}2)$$

式中 R——位错段攀移越过颗粒时位错线增长速率,对于半径 r 的球形颗粒, $R\approx 2r(0.5\pi-1)/r=1.2$。

可见,克服颗粒阻碍所需的临界附加应力与采用 Orowan 滑移绕过机制所预测的 τ_{or} 相当。值得注意的是,攀移往往伴随着空位扩散,需要在高温下热激活才能实现,而在室温下位错很难以空位扩散控制的攀移通过颗粒。

然而,考虑到位错与非共格截面之间存在吸引交互作用,位错可经滑移(或短程攀移)运动到界面,并终止于界面,在极端的情况下，与颗粒交互的（即处于界面内的）位错线段消失。因此，在强大的剪切应力作用下（图 5-8），*AB* 区间位错线段“陷落”（组织高度细化，扩散距离缩短，位错恢复容易，使“陷落”变得相对容易），位错可以拖曳 *AB* 位错线段攀移通过颗粒，也可以 *A* 点和 *B* 点沿界面与滑移面交线“攀移”通过颗粒。显然，后者易于实现。这样，位错通过颗粒最终需克服界面对位错的吸引而阻碍其分离所带来的阻力。引入与界面性质有关的松弛因子 $k(0<k<1)$，可得位错脱离颗粒钉扎所需附加的剪切应力阈值 τ_d：

$$\tau_d = (2T_l/bL)(1 - K^2)^{1/2} \tag{5-3}$$

因此，τ_d 与 τ_{or} 在同一数量级，组织高度细化时，位错可通过如图 5-8 所示的方式低能通过颗粒。

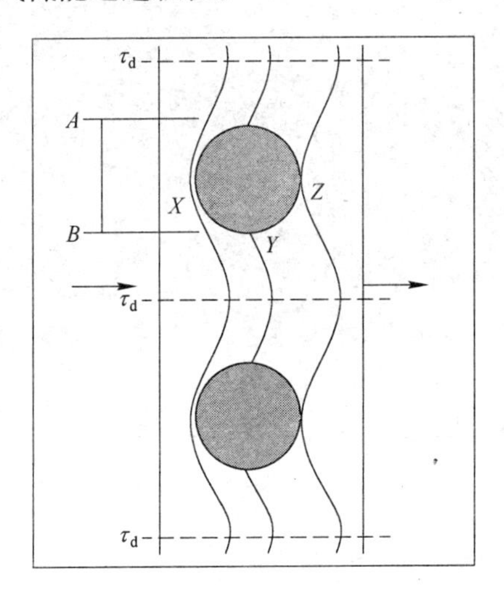

图 5-8 位错通过颗粒的作用过程

X—吸引；Y—“攀移”；Z—分离

5.1.4.4 位错恢复导致不稳定流变是造成中温脆性现象的主要原因

在快速凝固 Al-Fe-V-Si 合金发生塑性变形时，如图 5-9（a）所示，在较“宽敞”的空间内，存在少量位错，位错也多为颗粒所钉扎。当然，塑性变形过程中，为了在几何上协调基体与颗粒间变形，也伴生协调位错，多堆积在颗粒附近，吸附于相界或晶界上。然而，在“狭窄”的 Al 基体上几乎不存在位错，这表明，$Al_{12}(Fe, V)_3Si$ 颗粒和 α-Al（晶粒高度细化，L_s 小于位错滑移自由程）位错易消失于相界和晶界中，位错恢复变得容易。显然，位错恢复能力和程度也随温度提高、原子扩散增强而增强。因此，如图 5-9（b）和图 5-9（c）所示，位错密度锐减，甚至几乎无位错存在。

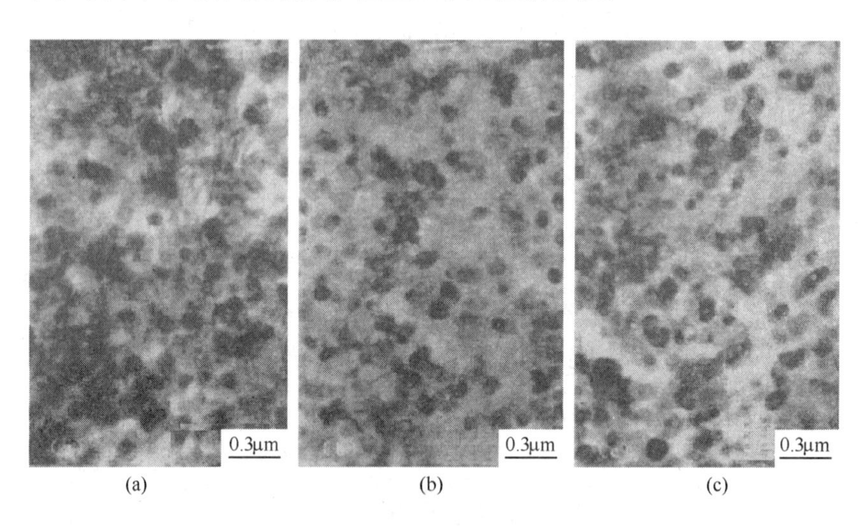

(a) (b) (c)

图 5-9 喷射沉积 Al-Fe-V-Si 合金 DEG1 变形后 $a\text{-}Al+Al_{12}(Fe, V)_3Si$ 中的位错分布

（a）25℃，$\dot{\varepsilon}=2.77\times10^{-4}s^{-1}$；（b）200℃，$\dot{\varepsilon}=2.77\times10^{-4}s^{-1}$；（c）350℃，$\dot{\varepsilon}=2.77\times10^{-4}s^{-1}$

在 100～300℃的温度范围，快速凝固 Al-Fe-V-Si 合金中的 $a\text{-}Al+Al_{12}(Fe, V)_3Si$ 微细组织发生塑性变形仍然以图 5-5 所示的位错运动模式进行。所不同的是，在热作用下，位错滑移容易，甚至可进行空位扩散，实现位错短程攀移，位错湮灭于界面的位错恢复过程更加强烈，位错源启动需要相应地附加外应力以抵消“回复”效应；另外，原子扩散增强，短程晶间扩散使界面位错容易迁移、对消，界面“坎”消失，可动位错和易开启位错源减少，在变形过程，需附加更大外应力以不断开启新的潜在位错源，这样，强度随温度升高而下降得以缓冲。

然而，随着“回复”强烈、充分，易开启潜在位错源减少，可开启位错源多集中在如三叉（亚）晶界，晶界相界交汇处等特殊形态的界面处，并形成位错易迁移途径，造成微观变形局域化，如图5-10所示。这样，与25℃和350℃的拉伸断口相比（图5-11），200℃的拉伸断口相对平整，裂纹优先萌生于特殊形态的界面（如相界、三叉晶界等）处，沿某些变形带（位错易迁移途径）强烈地扩展，产生区域性集中损伤，而造成宏观塑性变形提早失稳而断裂，出现中温脆性现象。

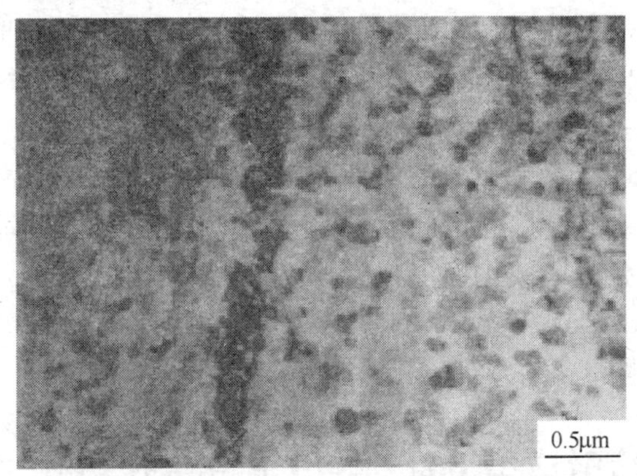

图5-10 喷射沉积Al-Fe-V-Si合金200℃变形

（$\dot{\varepsilon}=2.77\times10^{-4}s^{-1}$时的微观变形局域化）

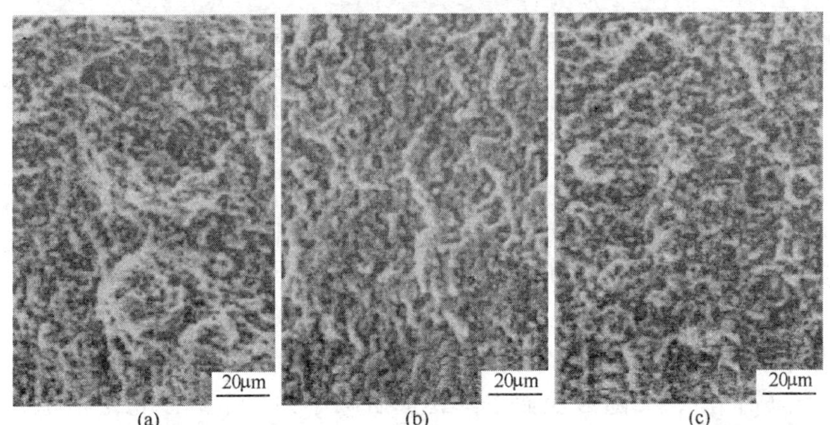

(a) (b) (c)

图5-11 喷射沉积Al-Fe-V-Si合金挤压管材DEG1不同温度下拉伸断口形貌

(a) 25℃，$\dot{\varepsilon}=1.5\times10^{-4}s^{-1}$；(b) 200℃，$\dot{\varepsilon}=1.5\times10^{-4}s^{-1}$；(c) 350℃，$\dot{\varepsilon}=1.5\times10^{-4}s^{-1}$

显然，室温（25℃）下位错恢复相对困难，不易出现微观变形局域化，随着变形温度升高，位错恢复增强，微观变形局域化和区域性集中损伤变得更加强烈，约 200℃ 左右达到最强。进一步提高温度，原子扩散能力增强，足以实现长程迁移，塑性变形机制逐渐向由扩散攀移控制的高温蠕变模式过渡，超过 300℃ 后，中温脆性现象基本消失。

综上所述，对于颗粒和晶粒均高度细化的快凝 Al-Fe-V-Si 合金而言，颗粒和晶粒组织适度粗化，可能有利于改善流变均匀性，提高材料塑性。与快速凝固雾化粉末 Al-Fe-V-Si 合金相比较，喷射沉积 Al-Fe-V-Si 合金的 $Al_{12}(Fe, V)_3Si$ 颗粒和 α-Al 晶粒相对粗大，同时具有更强烈的组织不均匀性特征，在中温变形过程中，组织粗细不同的微区相互协调变形，也很大程度地减小了微细组织微观变形局域化而造成区域性集中损伤的可能。因此，喷射沉积 Al-Fe-V-Si 合金塑性水平整体提高，在 100~300℃ 也能保持较高的塑性。

5.2 喷射成型 8009 耐热铝合金在 360~480℃ 范围内塑性变形行为

5.2.1 喷射成型 8009 耐热铝合金高温压缩应力-应变曲线

在 360~480℃ 的温度范围内，变形温度和应变速率对喷射成型 8009 耐热铝合金压缩变形的影响规律如图 5-12 所示。可见，高温变形时合金的流变应力随着变形程度增加到峰值前，压缩变形曲线呈明显的加工硬化，达到峰值应力后，进入平稳流变阶段，加工硬化低，在 0.1/s、360℃ 和 380℃，0.001/s、460℃ 和 480℃ 的压缩曲线上呈现加工软化趋势，这种现象的存在表明合金中晶粒发生了回复和再结晶。应力先随应变而增大，直至达到一个峰值后，又随形变而下降，最后减小到一个近于稳定的值，曲线也几乎变为水平线了。这说明，在变形开始阶段，形变硬化大于动态回复或动态再结晶软化，并且二者的差随形变的进行而加大；但当形变达到相当于曲线的峰值时，两个过程正好相等；而当超过峰值后，动态回复或动态再结晶软化过程反而超过了形变硬化过程；直到硬化效果完全消除后，就可在几乎恒定应力下，继续进行形变，这个阶段称为变形的稳衡态。

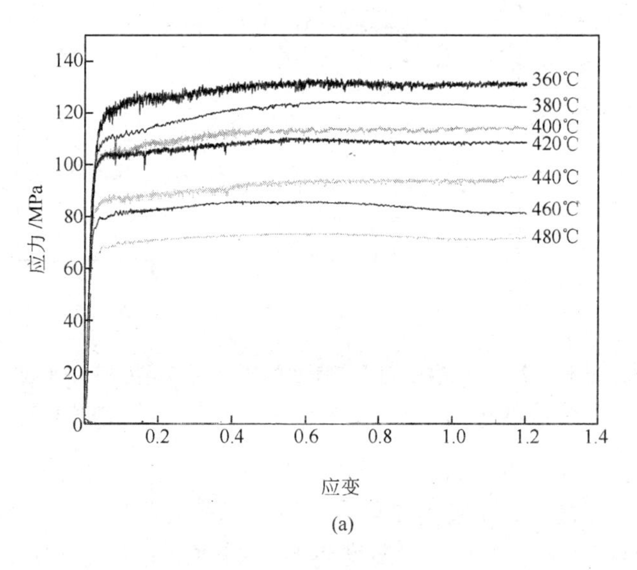

(a)

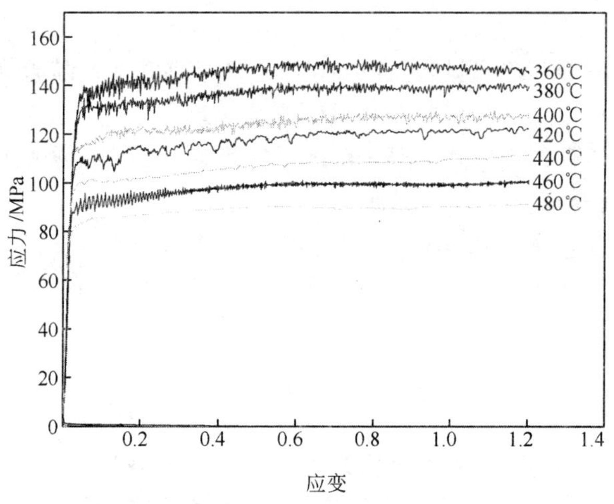

(b)

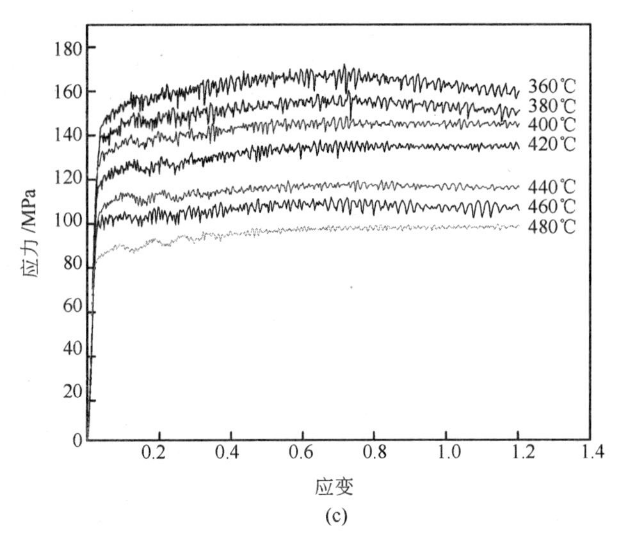

(c)

图 5-12　不同温度和应变速率的压缩变形应力-应变曲线

(a) 应变速率 $0.001s^{-1}$；(b) 应变速率 $0.01s^{-1}$；(c) 应变速率 $0.1s^{-1}$

达到稳衡态的应力和应变受形变温度和形变速度的影响很大。当形变温度一定时，形变速度越大，达到稳衡态的应力和应变也越大；当形变速度一定时，形变温度越高，则达到稳衡态的应力和应变越小。

喷射成型 8009 耐热铝合金在同一应变速率下，随着变形温度升高，流变应力水平下降，合金呈明显软化现象。这是因为随着温度升高，热激活的作用增强，原子间的动能增大，原子间的临界切应力减弱，导致合金的应力水平降低。

在应变速率为 $0.01s^{-1}$、应变温度为 400℃ 条件下，材料的正应力水平在 110~125MPa 范围内，因此在 400℃ 下进行热加工时，施加的应力应当高于 125MPa。

在同一温度下，对比不同应变速率下的压缩曲线，如图 5-13 所示。可知，在同一变形温度下，随着应变速率的增加，峰值应力和流变应力水平提高，这表明材料是正应变速率敏感材料。这主要是因为应变速率越大，塑性变形进行得不充足，弹性变形量大，从而导致流变应力增大。

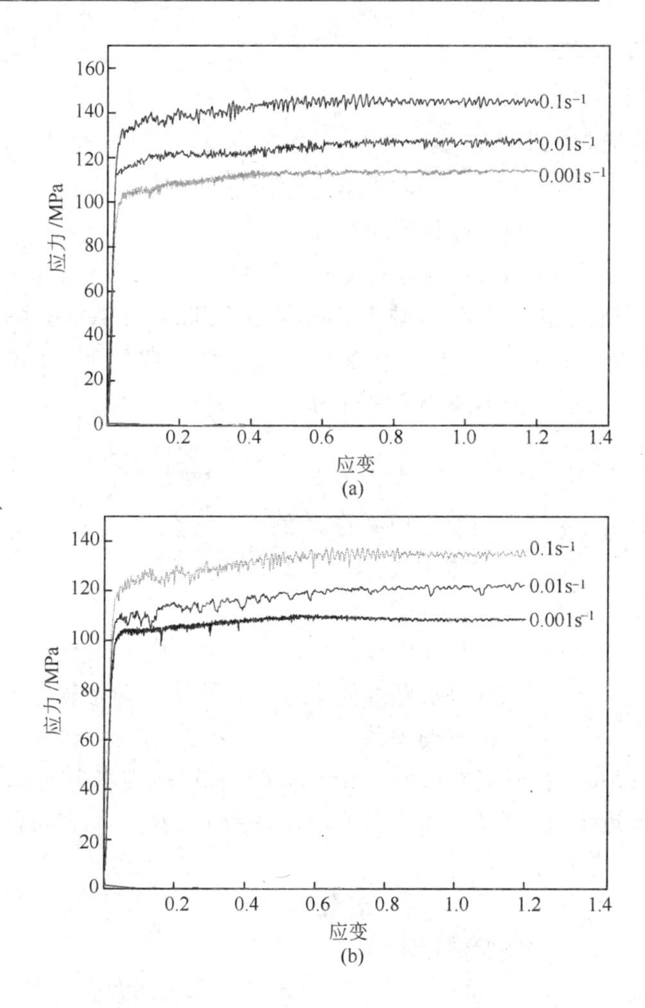

图 5-13 不同温度条件下的应力-应变曲线

（a）400℃；（b）420℃

5.2.2 喷射成型 8009 耐热铝合金高温塑性变形的 Zener-Hollomon 本构关系

材料在高温蠕变时，稳定流变应力 σ 和应变速率 $\dot{\varepsilon}$ 服从如下关系[49~56]。

在低应力水平下：

$$\dot{\varepsilon} = A_1\sigma^n \tag{5-4}$$

在高应力水平下：

$$\dot{\varepsilon} = A_2\exp(\beta\sigma) \tag{5-5}$$

式中　n，β——与温度相关的常数；

A_1，A_2——与材料温度有关的常数。

考虑到高温蠕变存在热激活过程，Sellars 和 Tegart 综合了式(5-4)和式（5-5）提出一个含应力 σ 的双曲正弦形式，引用 Arrheniues 关系，来描述热激活行为：

$$\dot{\varepsilon} = A[\sinh(\alpha\sigma)]^n\exp\left(\frac{-Q}{RT}\right) \tag{5-6}$$

式中　A，α，n——与温度相关的常数；

R——气体常数，8.314J/(mol·K)；

T——绝对温度，K；

Q——变形激活能，J/mol，又称动态软化激活能，它反映高温塑性变形时应变硬化与动态软化过程之间的平衡关系。

式（5-6）在低应力水平（$\alpha\sigma<0.8$）和高应力水平（$\alpha\sigma>1.2$）下分别接近于式（5-4）和式（5-5），常数 α、β 与 n 之间存在如下关系[34,49~56]：

$$\alpha = \beta/n \tag{5-7}$$

式中，α，β，n 由实验数据求解。

热加工变形，如挤压、压缩、扭转等，视为在大应变速率和高应力水平下蠕变的一种外延，可由式（5-6）很好地拟合。快速凝固 Al-Fe-V-Si合金高温塑性变形时，稳态流变（峰值）应力 σ 与 $\dot{\varepsilon}$、T 的关系也服从式（5-6）。

由式（5-4）和式（5-5），取对数，利用 $\ln\dot{\varepsilon}-\ln\sigma$ 和 $\ln\dot{\varepsilon}-\sigma$ 的线性关系（图 5-14（a），（b）），线性回归求出 n 和 β 值，并由式（4-7）确定 α 值。这里，$\alpha=0.00897\text{MPa}^{-1}$。然后，由式（5-6）两边取对数转化成如下线性关系：

$$\ln\dot{\varepsilon} + Q/RT - \ln A = n \cdot \ln[\sinh(\alpha\sigma)] \tag{5-8}$$

可求出 n 和 Q 值：

$$n = \frac{\partial \ln\dot{\varepsilon}}{\partial \ \ln[\sinh(\alpha\sigma)]} \Bigg|_T \tag{5-9}$$

$$Q = R\frac{\alpha\ln[\sinh(\alpha\sigma)]}{\alpha\ln[\sinh(\alpha\sigma)]} \Bigg|_T \frac{\alpha\ln[\sinh(\alpha\sigma)]}{\alpha(1/T)}\Bigg|_{\dot{\varepsilon}} = Rnb \tag{5-10}$$

式（5-10）中，$b = \frac{\alpha\ln[\sinh(\alpha\sigma)]}{\alpha(1/T)}\Big|_{\dot{\varepsilon}}$，可由 $\ln[\sinh(\alpha\sigma)]$ - $1/T$ 直线斜率确定。

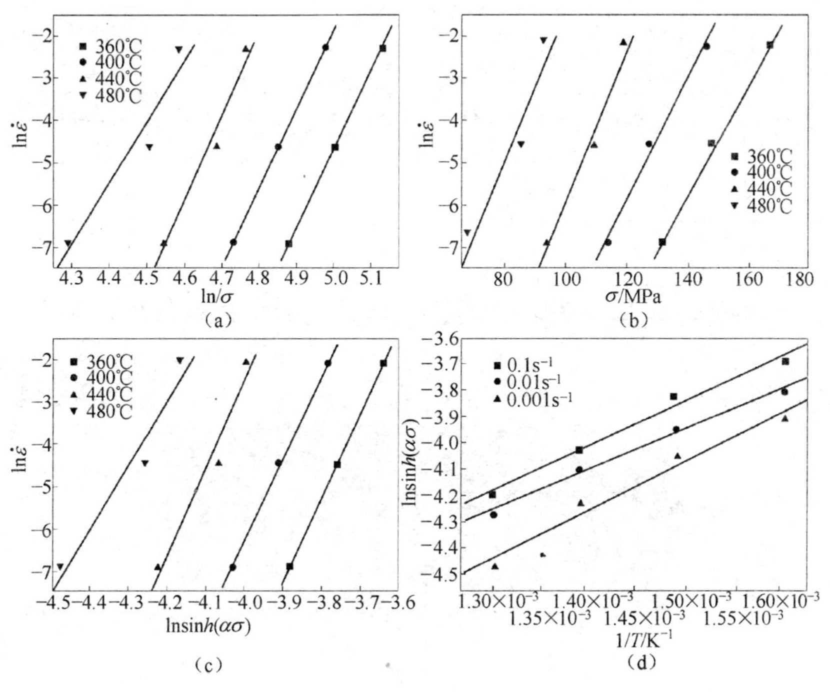

图 5-14 喷射成型 8009 耐热铝合金变形峰值应力 σ 与 $\dot{\varepsilon}$、T 的关系

(a) $\ln\dot{\varepsilon}$ 与 $\ln\sigma$ 的关系；(b) $\ln\dot{\varepsilon}$ 与 σ 的关系

(c) $\ln\dot{\varepsilon}$ 与 $\ln\sinh(\alpha\sigma)$ 的关系；(d) $\ln\sinh(\alpha\sigma)$ 与 $1/T$ 的关系

应力指数 n 为如图 5-14（c）所示 $\ln\dot{\varepsilon} - \ln[\sinh(\alpha\sigma)]$ 直线斜率，

而变形激活能 Q 为如图 5-14（d）所示的 $\ln[\sinh(\alpha\sigma)] - 1/T$ 直线斜率与 nR 乘积的 1000 倍。

应力指数 n 和变形激活能 Q 的理论计算值均列于表 5-1 中。可见，应力指数 n 均大于 14，激活能 Q 值明显高于常规铝合金蠕变激活能（约等于 Al 的自扩散激活能，142kJ/mol）。而随着应变速率降低，激活能 Q 值先降低、后升高。

表 5-1 采用 Zener-Hollomon 参数法求得的沉积态 8009 耐热铝合金高温变形材料参数

材料参数	应变速率 $\dot{\varepsilon}$/s^{-1}	不同温度的参数值			
		360℃	400℃	440℃	480℃
n		19.03	18.64	20.17	14.28
Q /kJ · mol^{-1}	0.1	341.23	334.29	361.73	256.08
	0.01	310.63	304.32	329.29	233.12
	0.001	370.90	363.36	393.18	278.35

5.3 喷射成型 8009 耐热铝合金高温压缩的 TEM 组织

图 5-15 为沉积态 8009 耐热铝合金在 380℃，以 0.01/s 的压缩速

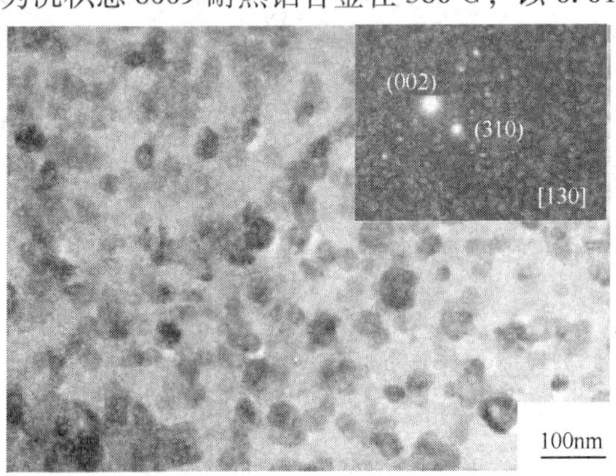

图 5-15 沉积态合金 Gleeble 热模拟压缩试样中第二相的形貌及选区衍射花样（380℃，0.01/s）

率做 Gleeble 热模拟实验后，合金中第二相的 TEM 照片。由图可以看出，沉积态合金在热压后，合金中的第二相主要呈球状弥散分布在铝基体上，尺寸小于 100nm，与沉积态合金中第二相接近，这些相为合金的耐热相α-$Al_{12}(Fe, V)_3Si$ 相。

沉积态 8009 耐热铝合金在 380℃，以 0.01/s 的压缩速率做 Gleeble 热模拟实验后，合金中出现了团状第二相，如图 5-16（a）所示。这种团状第二相在沉积态合金中已经出现，具有和 α-$Al_{12}(Fe, V)_3Si$ 相结构相同的相，这些团状相尺寸较大，由表 5-2

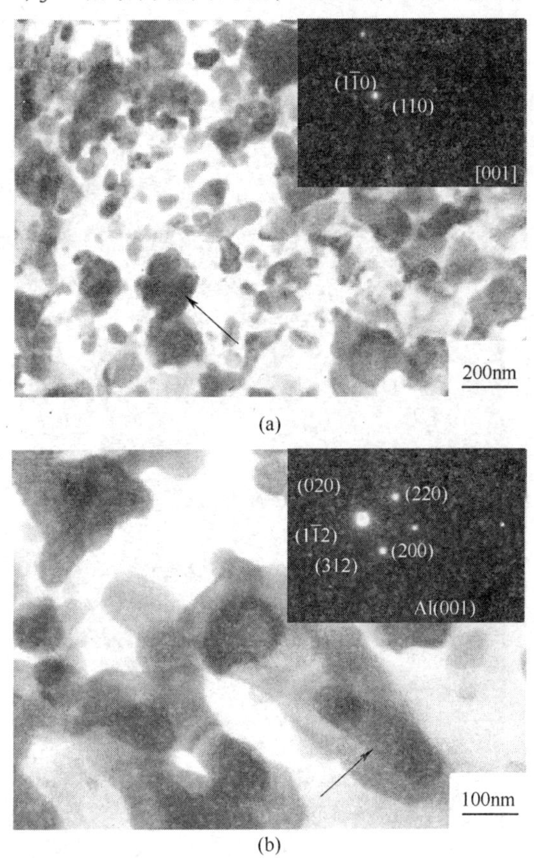

图 5-16 沉积态合金 Gleeble 热模拟压缩试样中第二相的 TEM 照片（380℃，0.01/s）
（a）团状第二相形貌；（b）球状和条状第二相相貌

表 5-2 团状相的能谱分析 (%)

成 分	Al	Fe	V	Si
质量分数	71.42	23.04	0.99	4.55
摩尔分数	81.67	12.73	0.60	5.00

团状相的能谱分析知，在成分上贫 V，推测这些相为 $Al_{12}Fe_3Si$ 相。同时在该 Gleeble 热压合金中还出现了球状和条形的第二相，如图 5.16（b）所示。这些相在沉积态合金中也已经出现，球状相为体心立方结构的α-$Al_{12}(Fe, V)_3Si$，条形相为四方结构的 Al_9FeSi_3。

沉积态 8009 耐热铝合金在 380℃，以 0.01/s 的压缩速率做 Gleeble 热模拟实验后，合金中出现了方形第二相，如图 5-17 所示。该

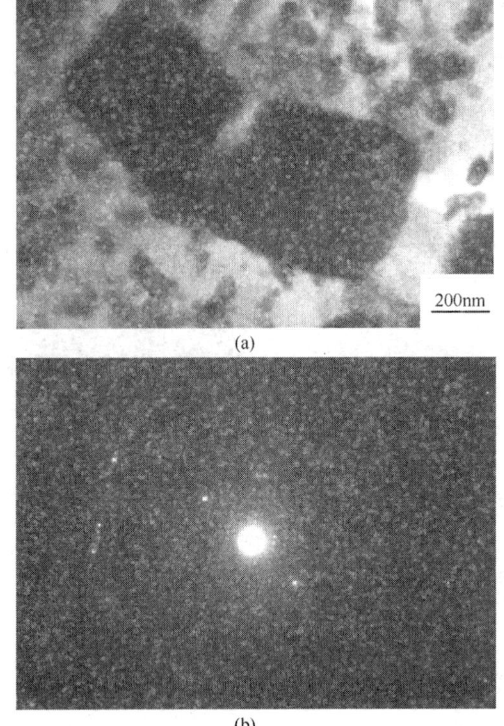

(a)

(b)

图 5-17 沉积态合金 Gleeble 热模拟压缩试样中方形第二相形貌（380℃，0.01/s）

（a）明场像；（b）衍射图

方形相尺寸较大，数量少，从该相的电子衍射花样图 5-17（b）可以看出，衍射花样斑点密集，该相的晶格常数 a 非常大，目前还没有找到合适的相与之对应，需要进一步确定。

沉积态 8009 耐热铝合金在 380℃，以 0.01/s 的压缩速率压缩后，合金中含有的第二相与沉积态的接近，组织没有发生明显的变化，表明合金在 380℃以 0.01/s 的速率进行后续加工是可行的。

5.4 Gleeble 热模拟压缩试样的 X 射线分析

图 5-18 为沉积态 8009 耐热铝合金分别在 380℃、420℃、460℃三个温度点以 0.01/s 的压缩速率经 Gleeble 热模拟压缩后试样的 X 射线衍射图谱。由图 5-18 可以看出，在三种压缩试样中，合金中主要包括α-Al 和体心立方结构的α-$Al_{12}(Fe, V)_3Si$ 相，同时合金中还包含少量的具有单斜结构的 θ-$Al_{13}Fe_4$ 相。合金在三种压缩状态下，合金的 XRD 曲线中α-$Al_{12}(Fe, V)_3Si$ 峰和 θ-$Al_{13}Fe_4$ 峰相近，这两种相的含量相近，表明沉积态 8009 耐热铝合金在三种温度条件下经过压缩后，合金中的相是接近的。

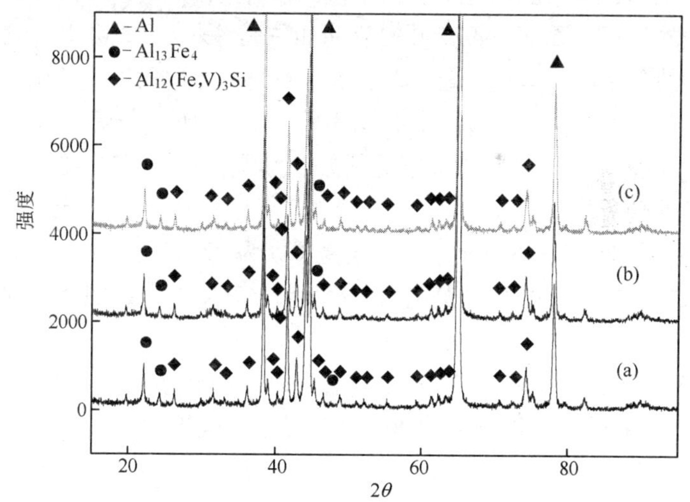

图 5-18 Gleeble 热模拟压缩试样的 XRD 图谱

(a) 380℃, 0.01/s; (b) 420℃, 0.01/s; (c) 460℃, 0.01/s

5.5 本章小结

（1）快凝Al-Fe-V-Si合金应力-应变曲线形态与其组织粗细程度和均匀性有着很大的相关性。快凝雾化粉末Al-Fe-V-Si合金加工硬化率低，甚至呈加工软化，易产生非均匀流变而导致提早失稳断裂。喷射沉积Al-Fe-V-Si合金有较大的由加工硬化控制的均匀流变延伸，达到峰值应力后，也有较大的平稳流变延伸。

（2）快凝Al-Fe-V-Si合金的屈服强度和抗拉强度均随拉伸温度升高而单调下降，伸长率随拉伸温度升高先减后增，100~300℃存在中温脆性区，塑性落入低谷而强度下降有所缓冲。喷射沉积Al-Fe-V-Si合金强度偏低，伸长率明显提高，中温脆性区塑性也明显提高，这得益于组织粗细不同的微区（条带）协调变形。中温脆性现象是高度细化的组织中位错恢复强烈，微观变形局域化而导致不稳定流变的结果。

（3）快凝Al-Fe-V-Si合金$Al_{12}(Fe, V)_3Si$颗粒和α-Al晶粒高度细化，初始位错密度低和滑移程短，位错恢复强烈，位错运动以无阻滑移模式进行，而潜在位错源的启动和位错/颗粒间的吸引与分离成为控制快凝Al-Fe-V-Si合金塑性变形行为的主导过程。这种位错运动模式可以很好地解释快凝Al-Fe-V-Si合金的低加工硬化率（加工软化）和提早失稳断裂现象，也能很好地解释伴随着应变硬化效应的中温脆性现象。

（4）在应变速率为0.01/s、应变温度为420℃条件下，材料的正应力水平在110~130MPa范围内，因此在420℃下进行热加工时，施加的应力应当高于130MPa。

（5）采用Zener-Hollomon参数法求得高温变形材料参数，得到：喷射成形8009耐热铝合金在360~480℃温度范围内，应力指数n均大于14；激活能Q值明显高于常规铝合金蠕变激活能（约等于Al的自扩散激活能，142kJ/mol），随着应变速率降低，激活能Q值先降低、后升高[57]。

参考文献

[1] Mitre S, Mcnelley T R. Temperature dependence of strain hardening in a dispersion-strengthened Al-Fe-V-Si alloy [J]. Metallurgical Transaction A, 1993, 24 (11): 2589~2592

[2] Hariprasad S, Sastry S M, Jerina K L. Deformation Characteristics of the Rapidly Solidified Al-8.5%Fe-1.2%V-1.7%Si Alloy [J]. Scripts Metallurgica et Materia, 1993, 29 (4): 463~466.

[3] Kwai S. Chan. Confirmation of a thin sheet toughening mechanism and an isotropic fracture in Al-Fe-X Alloys [J]. Metallurgical Transactions A., 1989, 20 (11): 2337~2344

[4] Shimansky D, McQueen H J. Hot-working of heat-resistant rapidly solidified Al-Fe-V-Si alloy [J]. High Temperature and Process, 1999, 18 (4): 241~250

[5] Mitra S. Strain hardening in a dispersion strengthened Al-Fe-V-Si alloy at elevated temperatures [J]. Journal of Materials Science Letters, 1994, 13 (17): 1296~1300

[6] Hariprasad S, Sastry S M C, Jerina K L. Deformation behavior of a rapidly solidified fine grained Al-8.5Fe-1.2V-1.7Si [J]. Acta Mater, 1996, 44 (1): 383~389

[7] Robinson J M, Shaw M P. Microstructural and mechanical influences on dynamic strain aging phenomena [J]. International Materials Review, 1994, 39 (3): 113~122

[8] Y leng, W C Porr Jr, R P Ganglofl. Tensile deformation of 2618 and Al-Fe-V-Si aluminum alloys at elevated temperatures [J]. Scripts Metallurgica et Materia, 1990, 24 (11): 2163~2168

[9] Lee J C, Lee S, Lee P Y, et al. On the embrittement of a rapidly solidified Al-Fe-V-Si Alloy after high-temperature exposure [J]. Metallurgical Transactions A., 1991, 22 (4): 853~858

[10] Carreno F, Gonza lez G, Ruario O A. High temperature deformation behavior of an Al-Fe-V-Si alloy [J]. Materials Science and Engineering., 1993, 164 (1-2): 216~219

[11] Khatris, Lawley A, Koczak M J, et al. Creep and microstructural stability dispersion strengthened Al-Fe-V-Si-Er Alloy [J]. Materials Science and Engineering, 1993, 167 (1): 11~21

[12] Ehrstrdm J C, Andrieu E, Pineal A. Hydrogen effect on high temperature ductility of a powder metallurgy Al-Fe alloy [J]. Scripta Metallurgica., 1989, 23 (8): 1397~1400

[13] William C Porr Jr, Richard P. Gangloff. elevated temperature fracture of RS/PM alloy 8009: part1. fracture mechanics behavior [J]. Metallurgical and Materials Transactions A., 1994, 25: 365~379

[14] Satoh T, Okimoto K, Nishida S. High-temperature deformation behavior of aluminum alloys produced from centrifugally-atomized powders [J]. Journal or Materials Processing technology., 1997, (68): 221~228

[15] Rosler J, Joos R, Arzt E. Microstructure and creep properties of dispersion strengthened aluminum alloys [J]. Metallurgical Transactions A, 1992, 23 (5): 1521~1539

[16] John E Benci, William E Frazier. Evaluation of a new aluminum alloy for aerospace application [J]. Light Weight Metals, 1991: 231~245

[17] Carreno F, Torralba M, Eddabbi M, et al. Elevated temperature creep behavior of three rapidly solidified Al-Fe-Si materials containing Cr, Mn, or Mo [J]. Materials Science and Engineering., 1997, 230 (1-2): 116~123

[18] Femanoo Garreno, Oscar A Ruano. On the High temperature creep Behavior of Two Rapidly Solidified Dispersion Strengthened Al-Fe-V-Si Materials [J]. J. Metallkd., 1998, 89 (3): 216~221

[19] Frost H J, Ashby M F. Deformation mechanism maps: the plasticity and creep of metals and ceramics [J]. Oxford UK, Pergamon PressE, 1982

[20] Kelly A, Nicholson R B. Strengthening Methods in crystal [J]. Applied Science, Elsevier London, 1971: 137~145

[21] Young-Won Kim, Walter M Griffith. The effect of nonuniform microstructure on the mechanical properties of P/M Al-Fe-Ce aluminum alloy. In: Rapidly Solidified Powder Aluminum, edited by M E Fine and E A Stark Jr [J]. Philadelphia, PA, ASTM, 1986: 485~487

[22] Torma T, Kovacs-Csetenyi E, Turmezey T, et al. Hardening mechanisms in the Al-Sc alloy [J]. Journal of Materials Science, 1989, 24 (11): 3924~3927

[23] Gladman. Precipitation Hardening in metals [J]. Materials Science and Technology, 1999, 15 (1): 30~36

[24] Anderson K R, Groza J R. Microstructural size effects in high-strength high-conductivity Cu-Cr-Nb alloys [J]. Metallurgical and Mat. Trans. A, 2001, 32 (5): 1211~1224

[25] 彭良明，等. Al-8.5Fe-1.3V-1.7Si 合金的压缩蠕变行为 [J]. 材料工程，1998 (4): 25~27

[26] 肖于德. 快速凝固 AlFeVSi 耐热铝合金组织性能及大规格材料制备工艺的研究 [D]. 长沙：中南大学，2003：57~65

[27] Ehrstrom J C, Andrieu E, Pineau A. Hydrogen Effect on High Temperature Ductility of a Powder Metallurgy Al-Fe alloy [J]. Scripts Metallurgica., 1989, 23 (8): 1397~1400.

[28] Bouchaud E, Kubin L, Octor H. Ductility and dynamic strain aging in rapidly solidified aluminum alloys. Metallurgical Transactions A., 1991 22A: 1021~1028

[29] Ehrstrom J C, Pineau A. Mechanical properties and microstructure of Al-Fe-X alloys [J]. Materials Science and Engineering, 1994, 186 (1-2): 55~64

[30] Ruschau J J, Jata K V. Fatigue/creep crack growth rate characteristic of Al-8.5Fe-1.3V-1.7Si (FVS0812 Sheet) In: light weight alloy for aerospace application! 1, edited by Lee E W and Kim N J [J]. The Minerals. Metals & Material Society, 1991: 257~274

[31] Reed-hill R E, Iswaran C V, Kaufman M J. An Analysis of the flow stress of a Two-phase al-

loy system, Ti-6Al-4V [J]. Metallurgical and Materials Transactions A., 1996, 27: 3957~3962

[32] Dermarkar S. Hardening mechanism in rapidly solidified Al-8Fe alloy. Rapidly solidified powder aluminum alloy. ASTM STP890, M E Fine and E A Starke Jr. Eds [J]. American Society of Testing and Materials. Philadelphia, 1986: 154~158

[33] P Van Liempt. Work hardening and substructural geometry of metals [J]. J Mater Process Technol., 1994, 45: 459~464

[34] McCormaick P G, Ling C P. Numerical modeling of the Portevin-Le-Chaterier effect [J]. Acta Metall Mater, 1995, 43 (5): 1968~1977

[35] Robinson J M. Serrated flow in aluminum base alloys [J]. International Materials Reviews., 1994, 39 (6): 217~227

[36] Li D M, Bakker A. Temperature and strain rate dependence of the Portevin-Le Chatelier effect in a rapidly solidified Al alloy [J]. Metallurgical and Materials Transaction, 1995, 26 (11): 2873~2879

[37] Heinz G F Wilsdorf, et al. Work softening and Hall-Petch hardening in extruded mechanically alloyed alloys [J]. Materials Science and Engineering, 1993 (A164): 1~14

[38] Averback, Hofler H J, Tao R. Processing of nano-grained materials [J]. Materials Science and Engineering, 1993, 166 (1-2): 169~173

[39] 卢柯，刘学东，胡壮麟．纳米晶体材料的 Hall-Petch 关系 [J]．材料研究学报，1994，8 (5)：385~391

[40] Langdon T G. Grain boundaries and deformation of Al-Fe-V-Si aluminum alloy [J]. Materials Science and Engineering, 1993, 166: 67~79

[41]《材料科学与技术》丛书中文版编委会．材料塑性变形与断裂 [M]．H. 米格兰比，主编，颜鸣奉，等译．北京：科学出版社，1998.

[42] 包永千，金属学基础．北京：冶金工业出版社，1986，212~270

[43]《材料科学与技术》丛书中文版编委会．固体结构 [M]．V. 杰罗德，主编，王佩璇，等译．北京：科学出版社，1998：363~398

[44] 毛卫民．晶体材料的结构 [M]．北京：科学出版社，2001

[45]《材料科学与技术》丛书中文版编委会．材料塑性变形与断裂 [M]．H. 米格兰比，主编，颜鸣奉，等译．北京：科学出版社，1998 (8)：88~92

[46] J Rosler, E Arzt. A new model-based creep equation for dispersion strengthened materials. Acta Metall Mater, 1990, 38 (4): 671~683

[47] Arzt E, Wilkinson P S. Threshold stresses for dislocation climb over hard particles: The effect of an attractive interaction [J]. Acta Metall, 1986, 34 (10): 1893~1898

[48]《材料科学与技术》丛书中文版编委会．材料塑性变形与断裂 [M]．H. 米格兰比，主编，颜鸣奉，等译．北京：科学出版社，1998 (8)：278~318

[49] Guan De-lin. Elevated temperature deformation of crystal [M] . Dalian: Dalian University of Technology Press, 1989

[50] Zhou M, Clode M P. A constitutive model and its identification for the deformation character by dynamic recovery [J] . Transactions of the ASME, 1997, 119 (4): 138~142

[51] Shi H, Mclaren A J, Sellars C M, et al. Constitutive equations for high temperature flow stress of aluminum alloy [J] . Materials Science and Technology, 1997, 13 (3): 210~216

[52] Davies C H J, Hanbolt E B, Samarasekera I V, et al. Constitutive behavior of composites of AA 6061 and alumina [J] . Lounal of Materials Processing Technology, 1997, 70 (1-3): 244~251

[53] Puchi E S. Constitutive equations for commercial-purity aluminum deformation under hot-working conditions [J] . Transactions of the ASME, 1995, 117 (1): 20~28

[54] Chenot J L, Bay F. An Overview of numerical modeling techniques [J] . Journal of Materials Processing Technology, 1998, 80-81: 8~15

[55] Estrin Y. Dislocation theory based constitutive modeling: foundations and applications [J] . Journal of Materials Processing Technology, 1998, 80-81: 33~39

[56] Wright R N, Paulson M S. Constitutive equation development for high strain deformation processing of aluminum alloys [J] . Journal of Materials Processing Technology, 1998, 80-81: 556~559

[57] Zhang Ronghua, Zhang Yong'an, Zhu Baohong. Flow Stress behavior of Al-Fe-V-Si heat-resistant aluminum alloy prepared by spray forming under hot-compression deformation [J]. Materials Science Forum, 2012, 704~705: 223~228

6 喷射成型 8009 耐热铝合金挤压成型工艺研究

由于用喷射沉积法制备的锭坯还不能达到完全致密，同时沉积坯还需加工成材，采用热挤压可以将致密化和成材结合起来。在实际热加工成型时，挤压是一种具有良好工程实用性的成型工艺[1]。一方面，能够在同一台设备上生产出品种规格多样的产品，且尺寸精确、表面质量高，可以生产形状简单的管、棒、型材，也可以生产截面复杂的或变截面的型材；另一方面，在挤压过程中坯料处于强烈三向压应力状态下，有利于低塑性材料一次性承受较大的塑性变形，金属可以发挥其最大的塑性。挤压过程对金属的力学性能也有良好的影响，特别是对具有“挤压效应”的铝合金来讲，其挤压制品在淬火时效后，纵向强度性能（σ_b、$\sigma_{0.2}$）远比其他方法加工的同类产品要高。更重要的是，在强大的等静压应力和剪切应力共同作用下，金属流过强烈变形区时将产生强烈的剪切流变，压缩致密和剪切变形有机结合，有利于实现坯料完全致密化，有利于改善粉末体结合状况。因此，挤压也是一种能有效实现喷射沉积坯致密化和粉末体完美结合的工艺，可以用来制备组织性能和表观品质良好的挤压制品或半成品。但是挤压法也存在一些缺点：由于挤压时的一次变形量和金属与工具间的摩擦都很大，而且塑性变形区又完全为挤压筒所封闭，使金属在变形区内的温度升高，从而有可能达到某些合金的脆性区温度，会引起挤压制品出现裂纹或开裂而成为废品；由于挤压时锭坯内外层和前后端变形不均匀导致沿长度和断面上制品的组织和性能不够均一等。

挤压工艺参数对制品组织与性能以及生产经济效益均有显著的影响。热挤压主要工艺参数是温度、速度和变形程度。挤压温度过低或过高，会出现“挤不动”或“过烧”的现象。对铝合金来讲，挤压温度过高，使得晶粒与析出相粗化，从而降低制品的力学性能。挤压温度越高，挤压制品的抗拉强度、屈服强度和硬度值下降。挤压速度对制品组织与性能的影响主要是通过改变金属热平衡来实现。挤压速度的选择原则是：在保证制品尺寸合格、表面无挤压裂纹、设备能力允许的条件下，为提高生产效率尽量采用高速度挤压。但挤压速度高，锭坯与工具内壁接触时间短，热量来不及传递，有可能形成变形区内的绝热挤压过程，使金属出口温度越来越高，导致制品表面裂纹。变形程度对挤压制品变形均匀性和力学性能分布的影响较大。当挤压系数较小时，不能使喷射沉积原始锭坯产生足够的变形，疏松多孔的组织之间不能紧密结合，而且制品内部与外层的力学性能不均匀性较为严重，从而降低了制品的力学性能；当挤压系数较大时，由于变形深入，制品性能的不均匀性减小。但挤压系数的提高会相应提高金属的抗力，过大的挤压系数还会产生显著的热效应，导致实际变形温度过高。热挤压过程可近似为一个绝热过程，铝合金在该过程中可能因此产生严重的温升效应，导致基体组织粗化。但由于挤压时间很短，因此与挤压加热相比，这个温升所造成的粗化并不显著。但是，在高温快速挤压时，温升的不良影响也不容忽视。

欲获得所需形状规格的高性能耐热铝合金制品，需兼顾快速凝固组织优势充分发挥的同时，保证所得制品粉末结合状态良好，即尽可能地采用在较低的温度下大变形加工来成型。然而，在实际挤压生产时，快凝耐热铝合金高温变形抗力大，受挤压设备能力的限制，在较低的温度下不容易进行挤压。另外，需要指出的是，与轧制、锻造、旋压等其他热加工过程相比，挤压过程中的温升现象较为严重，它对快凝耐热铝合金组织性能的不良影响有时是不可忽视的，在高温热力作用下快凝耐热铝合金除了发生致密化、变形外，还伴随着发生亚稳组织趋于平衡化的演变。因此，快速凝固 Al-Fe-V-Si 合金的挤压加工难度比传统铸造铝合金的大，组织性能的控制也困难得多，相应地，其成型方案、加工路线以及工艺参数都应有别于传统铸造铝合金的加工[2~9]。

本章研究了喷射成形 Al-Fe-V-Si 合金坯在挤压过程中应力、应变状态与金属流变规律，着重研究了主要工艺参数对挤压制品组织性能的影响规律。

6.1 热挤压工艺参数的确定

8009 耐热铝合金是热处理不可强化的，因此热挤压工艺的好坏对材料的最后性能有决定性的影响。用喷射沉积法制备的该合金坯料是一个非平衡亚稳组织，同时也是一个非连续致密体，因此该合金在热加工时会有过饱和固溶体脱溶、亚稳相 $Al_{12}(Fe, V)_3Si$ 粗化与平衡化转变等。所以考虑到该合金的固溶、细晶、弥散强化等机理的要求，在热挤压过程中，优化挤压工艺参数抑制第二相颗粒粗化和基体晶粒过分长大，防止有害平衡相 $Al_{13}Fe_4$ 相产生和它的长大，尽可能获得细小均匀的组织结构，并使基体充分结合，成为均质连续的致密体。

挤压温度与挤压系数对材料的力学性能有重要的影响。如果挤压温度过低，则挤压抗力大而可能出现“挤不动”的现象：如果温度过高，则使得制品的力学性能大幅度下降。挤压系数过大，会相应地增大变形抗力并产生显著的热效应；挤压系数过小，则难以使材料产生足够的变形。在同一挤压温度和挤压速度下，随着挤压系数的增大制品流出模孔的温度与速度均上升，为避免产生制品表面的粗糙化与裂纹，应选择适当的挤压系数。在具体确定挤压工艺参数范围时，要找到一个既考虑到所有影响因素又保证生产要求的方法是十分困难的。结合实际情况，我们采用了固体润滑的方法，很好地降低了挤压温度和减少了变形抗力。

本实验是在理论分析及总结前人已做的大量研究工作的基础上，选定实验工艺参数的。

将沉积坯件加工为 ϕ125mm 的圆柱坯件，在 410℃ 保温 2h 后，在 800t 热挤压机进行热挤压实验，实验参数见表 6-1。

表 6-1 热挤压工艺参数

工艺参数	挤压温度/℃	保温时间/min	突破压力/MPa	保持压力/MPa	挤压速率/$mm \cdot s^{-1}$	挤压比
数值	410	120	29	19	4	14 : 1

6.2 喷射成型圆锭挤压过程中应力、应变状态与金属流变规律[10]

作为一个完整的成型过程，沉积坯挤压可以分为填充致密、稳定挤压、紊流挤压等三个阶段。在管坯稳定挤压阶段，如图 6-1 所示，挤压筒中坯料处于准三向压缩应力状态，变形区（Ⅰ+Ⅱ）应力状态可以分解为等静压力分量和剪切应力分量，变形状态为两向压缩变形和一向延伸变形，随着位置靠近模口，剪切分量逐渐增大。

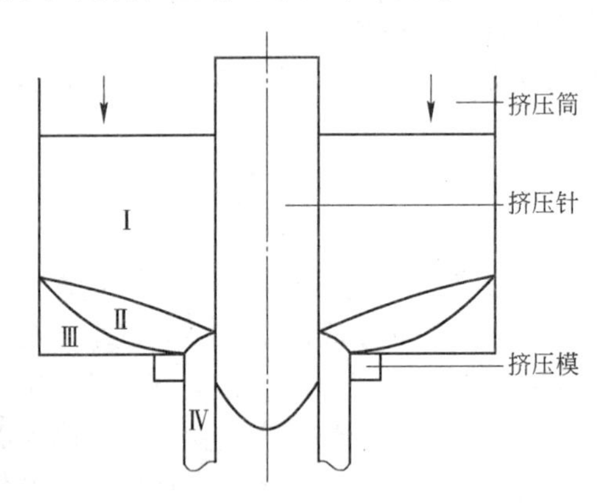

图 6-1 圆棒挤压过程中变形区示意图

在稳定挤压过程中，喷射沉积 Al-Fe-V-Si 合金坯不同部位的金相显微组织如图 6-2 所示，变形区（Ⅰ+Ⅱ）沉积坯，与死区（Ⅲ）的相比，致密度明显提高，粉末颗粒朝模口方向延展，但变形小，原始颗粒界面模糊，但仍有微孔存在。强烈剪切变形区（Ⅱ），粉末颗粒剧烈朝模孔方向延伸变形，孔隙迅速消失，原始颗粒界面更趋于模糊，甚至消失，模糊的界面沿着主延伸方向呈点链状。穿过模孔挤出后，挤压管材（Ⅳ）组织均匀，呈细长条带状，条带沿着挤压方向延长而均匀交替（错）排列。

因此，在喷射沉积坯挤压过程中，金属流变，进入强烈变形区，剪切应力分量剧增，沉积坯经受了强烈的体积压缩变形和剪切变形，

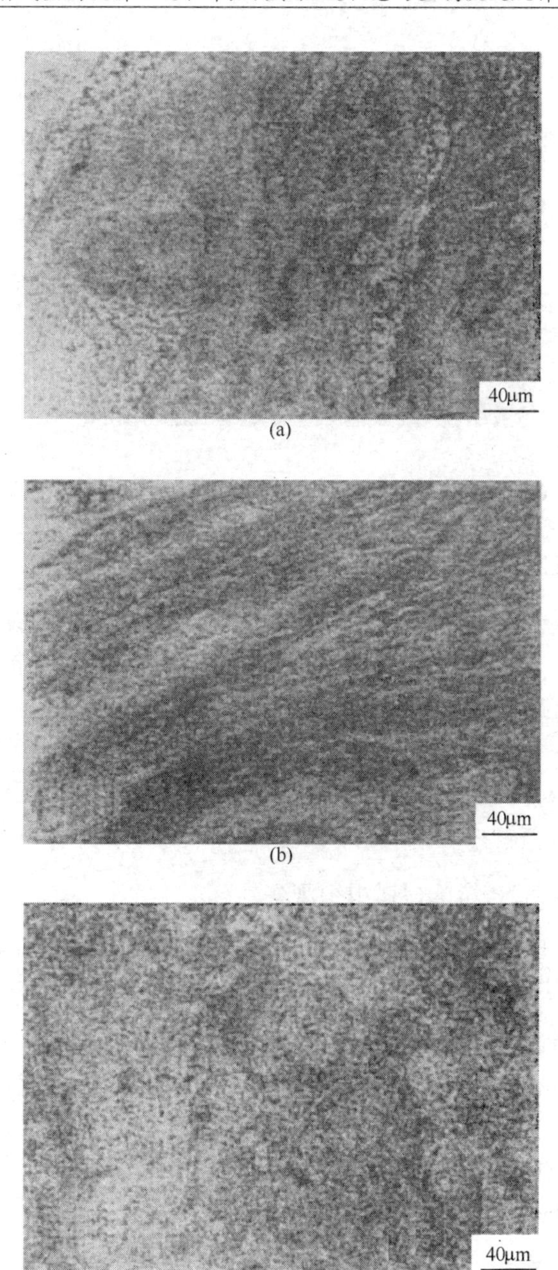

(a)
(b)
(c)

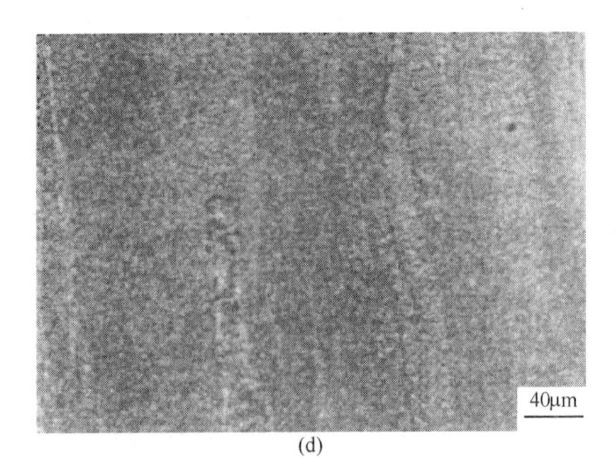

(d)

图6-2 喷射成型圆坯挤压过程中不同部位的金相显微组织
(a) 呈少量变形的压实态组织（Ⅰ）；(b) 产生了强烈剪切变形的流变组织（Ⅱ）；
(c) 孔隙、界面依然可见的未完全致密组织（Ⅲ）；(d) 条带状组织（Ⅳ）

粉末朝模孔方向剧烈延伸，孔隙消失，粉末表面氧化膜破碎，重新分布，原始粉末界面模糊，沿着主变形方向呈点链状分布，或完全消失，最终流出模孔，实现有效致密化与粉末间良好结合。

6.3 挤压态合金组织观察和力学性能

6.3.1 挤压态合金的显微组织观察

图6-3是挤压态合金在金相显微镜下的组织。与沉积态合金相比，合金经过热挤压以后，“颗粒镶嵌物”发生破碎，坯件中的孔洞等缺陷大量减少，合金组织进一步细化，组织均匀性进一步提高。合金组织的这种均匀致密性保证了合金在室温和高温下均具有良好的力学性能。

挤压态合金在扫描电镜下的横向和纵向SEM组织如图6-4所示。

由图6-4可以看出，合金经挤压后，坯件中的孔洞等缺陷大量减少，组织细小、均匀，第二相弥散分布在基体上。在横向和纵向两个方向上，中心的组织比边缘部分的细小，中心的第二相也较小。造成

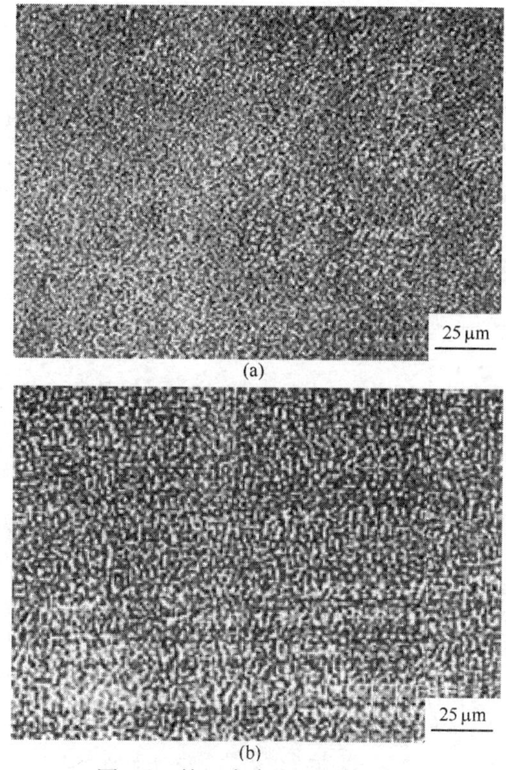

图 6-3 挤压态合金的金相组织
（a）垂直挤压方向；（b）平行挤压方向

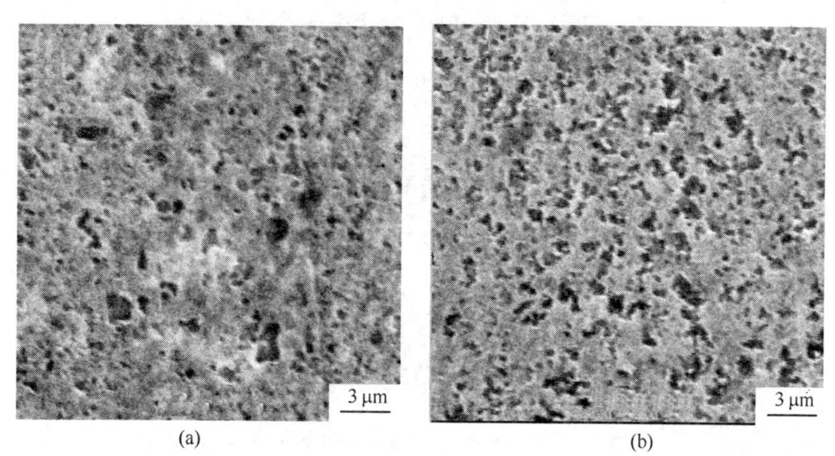

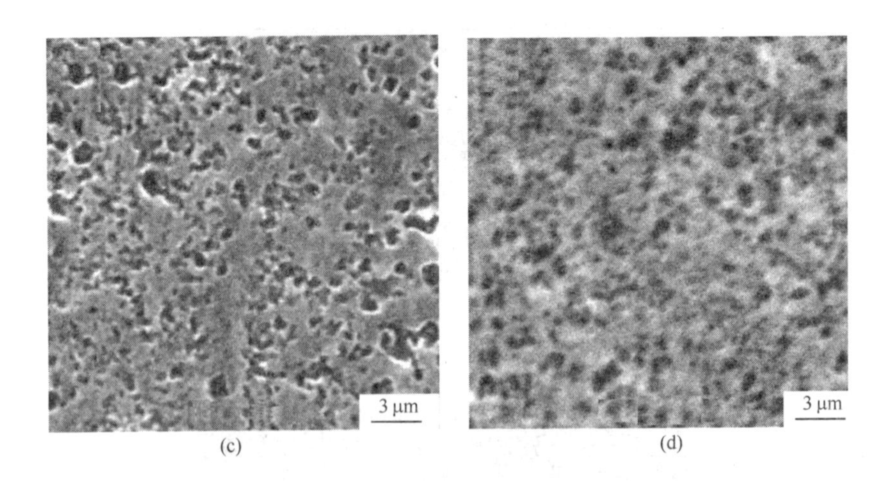

(c) (d)

图 6-4 挤压态合金轴向和纵向的 SEM 组织

(a) 横向边缘的组织；(b) 横向中心的组织；(c) 纵向边缘的组织；(d) 纵向中心的组织

合金组织不同的原因初步分析为在挤压过程中，边缘部分受到的摩擦较大，流动速率小于中心部位，这样坯件中心部位变形较大，达到致密化效果好于坯件边缘的。

挤压态 8009 耐热铝合金的 TEM 组织如图 6-5 所示。由图 6-5 可以看出，在透射电镜下，挤压态合金中最主要的第二相仍旧是球状的 α-$Al_{12}(Fe, V)_3Si$ 相，这些相尺寸细小，弥散分布在铝基体上，只是

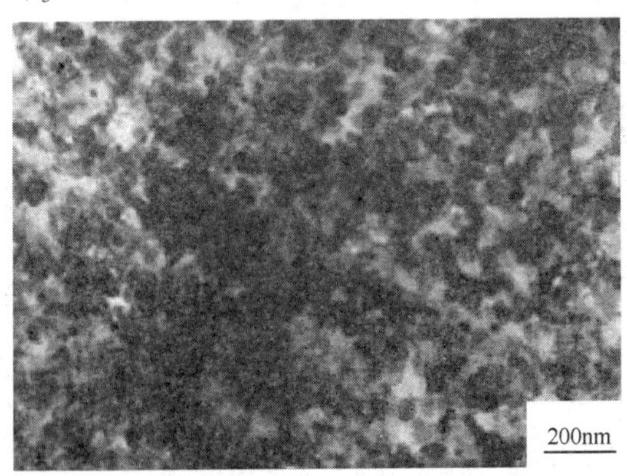

图 6-5 挤压态 8009 耐热铝合金的 TEM 组织

分布状态较沉积态密集，同时沉积坯件中出现的较粗大的第二相经挤压后发生破碎，合金的组织得到了细化。

沉积态 8009 耐热铝合金在经挤压以后，合金中仍存在多边形和团状的第二相，如图 6-6 所示。图 6-6（a）中的多边形相尺寸大，在 580nm 左右；图 6-6（b）中的团状第二相尺寸在 470nm 左右，这两种相的含量极少。

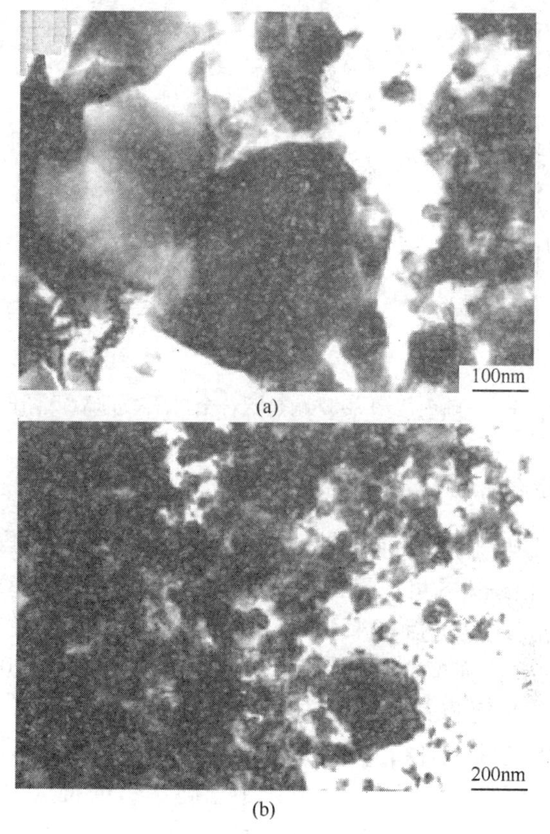

(a)

(b)

图 6-6 挤压态 8009 耐热铝合金中的第二相形貌
（a）多边形第二相；（b）团状第二相

6.3.2 挤压态合金 X 射线分析

喷射成型 8009 耐热铝合金挤压态的 XRD 衍射物相分析谱如图

6-7所示，根据衍射峰的相对强度查 PDF 卡片，确定各衍射峰代表的物相。由图 6-7 可以看出，合金中的相主要仍为α-Al 和体心立方结构的α-$Al_{12}(Fe, V)_3Si$ 相，除此之外，合金中还含有少量的具有单斜结构的 θ-$Al_{13}Fe_4$。

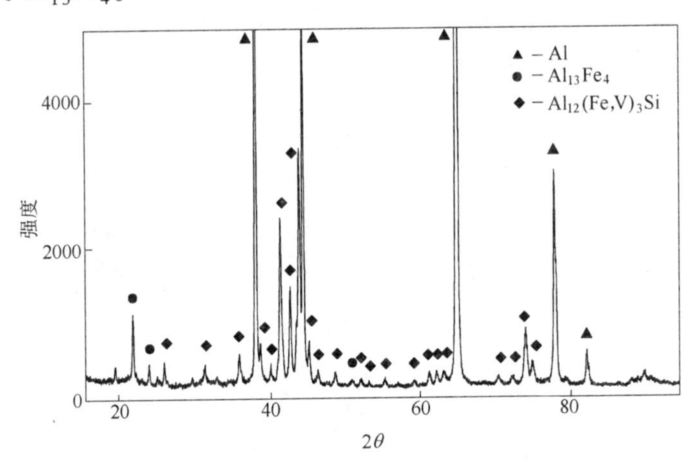

图 6-7　喷射成型 8009 耐热铝合金挤压态的 XRD 图谱

6.3.3　挤压态合金力学性能

图 6-8 是喷射成型 8009 耐热铝合金以 14∶1 的挤压比挤压后的力学性能。由图 6-8 可以看出，在室温下，合金的抗拉强度可达到 415MPa，屈服强度达到 345MPa，伸长率为 22.5%。随着温度的升高，合金的抗拉强度、屈服强度均下降，在温度为 150～300℃时，下降速度有所缓慢；材料的伸长率随拉伸温度升高先降低，在 250℃左右出现最小值，高于 250℃后伸长率随温度升高而增加，但达不到室温下的水平，呈现出“中温脆性”的特点。这一现象可以用动态应变时效（DSA）规律来解释[11～13]：DSA 认为是溶质气团与运动位错之间的相互作用，增强了 DSA 温区材料的强度，并且影响了应变硬化速率，导致局部塑性不稳定使延性下降。DSA 对延性的影响大小有赖于被溶质气团锁定的运动位错的数目，溶质气团由固溶状态溶质的量所控制。对于大多数合金，由于固溶度小，这个因素的影响相对较小，但 8009 耐热铝合金中固溶态铁的含量很

高，因此 DSA 效应更大。

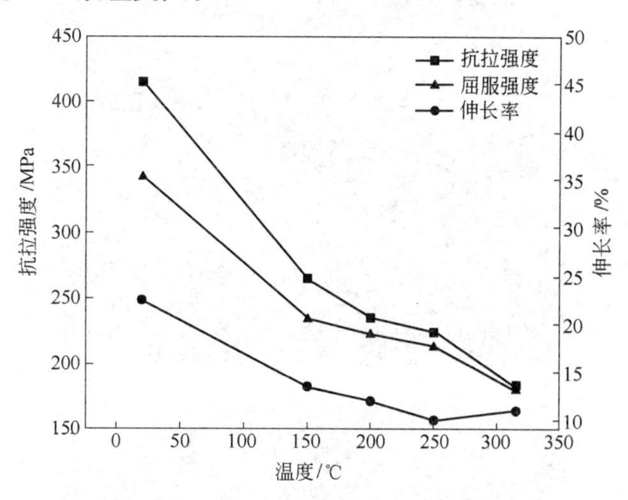

图 6-8 喷射成型耐热铝合金 8009 挤压态的力学性能

表 6-2 为挤压态合金在 400℃暴露 24h 后的拉伸力学性能，在室温下，该合金的抗拉强度和屈服强度都低于高温未暴露合金。合金在暴露后，室温性能降低，一方面是因为合金中的耐热相数量相对减少，另一方面是因为挤压态合金在高温暴露过程中，合金的局部区域一些球状耐热相粒子相互靠近、长大，形成一种环状组织，如图 6-9（b）所示，其尺寸为 100~300nm，这些环状相的存在对合金的性能不利，也将导致合金的室温性能有所降低。由图 6-9（a）挤压态合金室温的 TEM 组织可以看出，挤压态合金中最主要的第二相仍旧是球状的α-$Al_{12}(Fe, V)_3Si$ 相，这些弥散分布的高体积分数的耐热相的存在，保证了合金在高温下的力学性能。在 250℃测得的力学性能

表 6-2 挤压态合金 400℃暴露 24h 后的拉伸力学性能

样品编号	分析测试结果		
	抗拉强度 σ_b/MPa	屈服强度 $\sigma_{0.2}$/MPa	断后伸长率 δ_5/%
室温	353	300	19.12
250℃	221	208	13.33

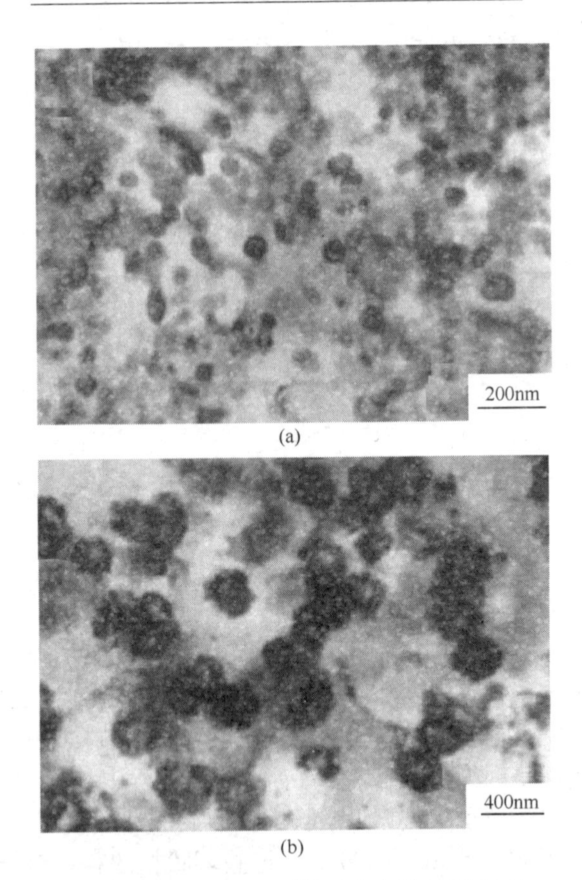

图 6-9 挤压态 8009 耐热铝合金的 TEM 组织
(a) 室温；(b) 400℃，24h

和未暴露合金的相当，表明合金经 400℃ 暴露 24h 后对合金的中温力学性能没有明显的影响，这是因为未暴露合金在中温拉伸过程中，合金中的一些第二相也发生了长大，使得合金中温性能和暴露后合金的中温性能相当。

6.3.4 挤压态合金拉伸断口分析

图 6-10 为挤压态 8009 耐热铝合金的拉伸断口形貌。图 6-10 (a)、(b) 是挤压态合金室温拉伸断口形貌，断口上有孔洞，在裂纹

扩展区存在大量较深的韧窝，属于韧性断裂，这说明合金在室温下的塑性应该是很好的。这与试验结果是一致的。

图 6-10（c）、（d）是挤压态合金 200℃ 拉伸断口形貌，可以看出该断口形貌与室温下的断口形貌的差别较大。断口中还存在着一些韧窝，但这些韧窝小而浅，同时，断口中还呈现出较大面积的断裂平台，不过这些断裂平台并不是合金发生脆性断裂而留下来的，而是合金在中温拉伸时由于塑性差而发生突然断裂造成的。可以推断，合金在拉伸初期发生少量的塑性变形，随着拉伸的进行，合金心部在拉应力的作用下，发生了突然断裂，从而留下了面积较大的断裂平台。

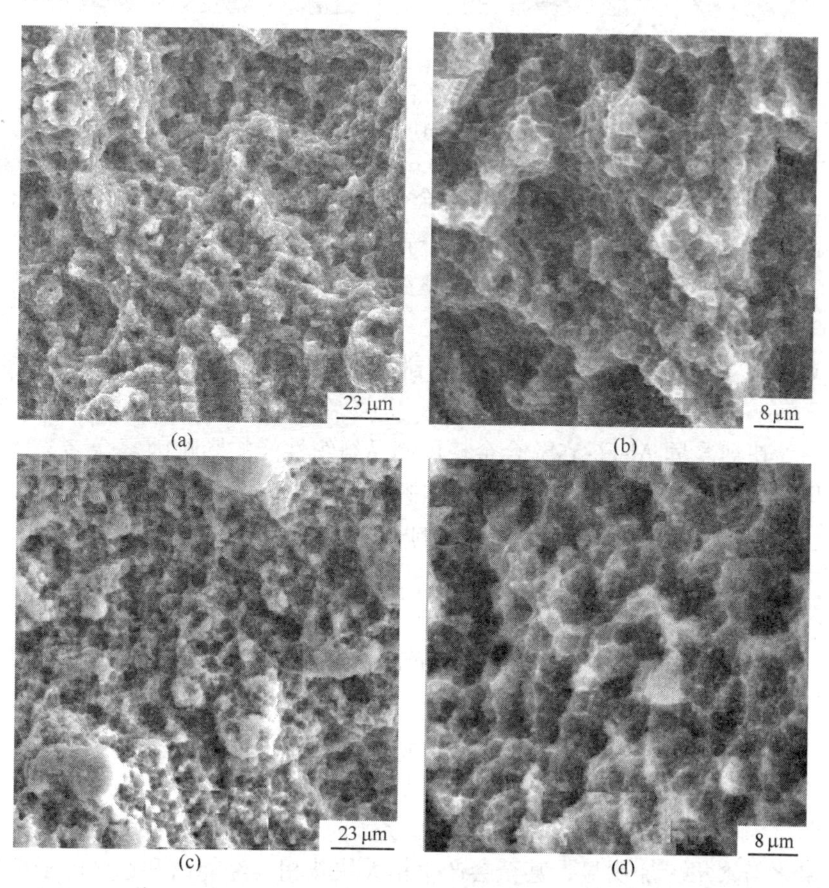

(a) (b) (c) (d)

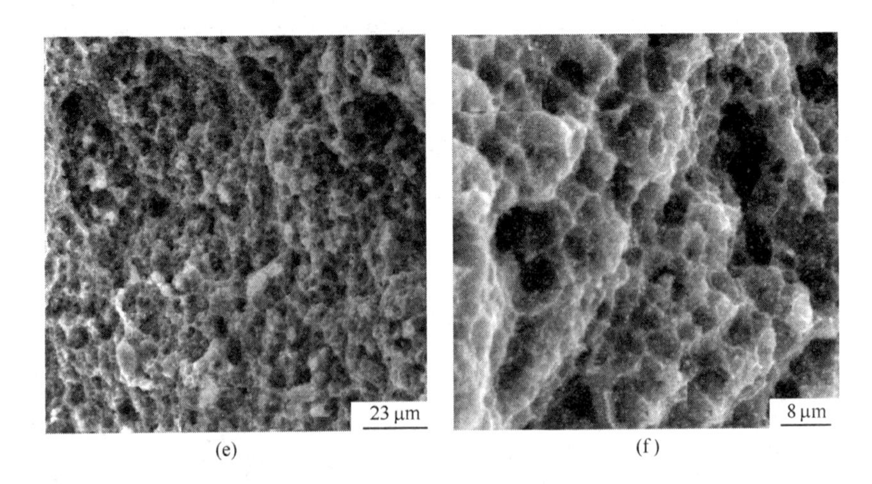

(e)　(f)

图 6-10　挤压态 8009 耐热铝合金的拉伸断口

（a），（b）—室温；（c），（d）—200℃；（e）（f）—315℃

图 6-10（e）、（f）为挤压态合金 315℃拉伸断口形貌，可以看出合金又表现出了韧性断裂的特征，韧窝较多，断裂平台较少。这与合金在高温下塑性回升但又达不到室温的试验结果是一致的。

6.4　影响挤压制品组织性能的主要因素及其影响规律

快速凝固 Al-Fe-V-Si 合金挤压制品组织性能的影响因素众多，这里，主要讨论以下加热温度、加热时间、加热方式、挤压变形系数（挤压比）、制品截面形状等的影响[10]。

6.4.1　挤压温度

经不同温度（预热 1～2h）挤压棒材的 TEM 显微组织如图 6-11 所示，450℃挤压态组织中 $Al_{12}(Fe, V)_3Si$ 细小，分布均匀。随着挤压温度提高，Al_{12}（Fe，V）3Si 硅化物颗粒粗化，且逐渐聚集于（亚）晶界。同时，随着颗粒粗化，质点对（亚）晶界钉扎效应减弱，（亚）晶粒长大。在高于 500℃挤压时，$Al_{12}(Fe, V)_3Si$ 颗粒的粗化与聚集更加明显，甚至会产生粗大块状相。经能谱和选区电子衍

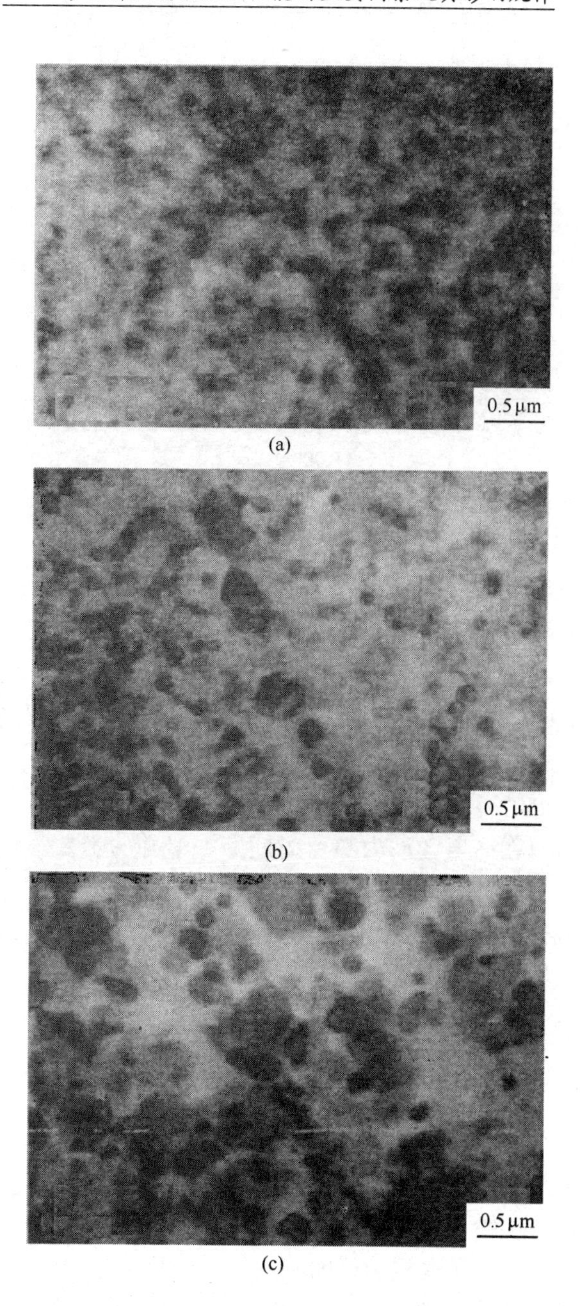

(a)

(b)

(c)

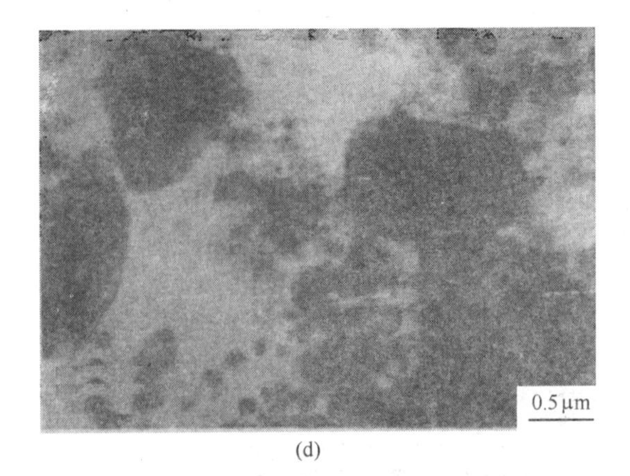

(d)

图6-11 在不同温度预热1~2h后挤压成型的喷射成形
Al-Fe-V-Si合金棒材TEM显微组织
(a) 450℃；(b) 480℃；(c) 500℃；(d) 520 ℃

射分析，粗大块状相可鉴定为θ-$Al_{13}Fe_4$（底心单斜，a=1.543，b=0.812，c=1.254，β=107.43°）。θ-$Al_{13}Fe_4$的出现是高温滞留的结果，而温升效应也促使了θ-$Al_{13}Fe_4$形成。如图6-11（d）所示，伴随着颗粒粗化与聚集，晶粒也相应长大。

在420~450℃温度范围内挤压，强烈剪切变形区温升估计可达100℃，但金属在高温区域内滞留时间短，温升的不良影响尚不十分显著。然而，在高于500℃挤压时，温升影响则不容忽视。高温挤压过程中，在热作用和强烈的应力场共同作用下加速了$Al_{12}(Fe,V)_3Si$颗粒（体心立方，a=1.260nm）粗化，聚集，甚至发生朝θ-$Al_{13}Fe_4$的相转变。因此，如图6-12所示，随着挤压温度的提高，挤压棒的屈服强度和抗拉强度呈单调下降趋势，而塑性先逐渐增加，高于500℃后明显下降。

图6-13所示为经不同温度（预热8h）挤压管材的典型TEM显微组织。与挤压棒材相类似，在低于500℃挤压的管材多为颗粒散布型两相组织，球形$Al_{12}(Fe,V)_3Si$弥散均匀分布在a-Al基体上。SPEG1中$Al_{12}(Fe,V)_3Si$颗粒细小均匀；SPEG2中$Al_{12}(Fe,V)_3Si$颗粒粗化，且聚集于（亚）晶界，同时（亚）晶粒也长大。高于500℃

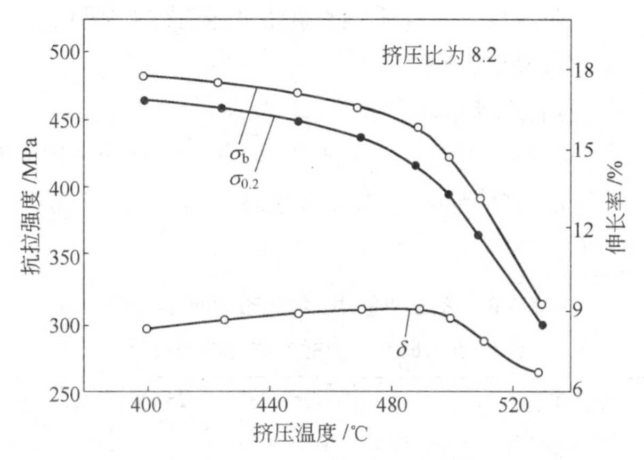

图 6-12　喷射沉积 8009 耐热铝合金挤压棒材的拉伸强度、伸长率随挤压温度的变化关系

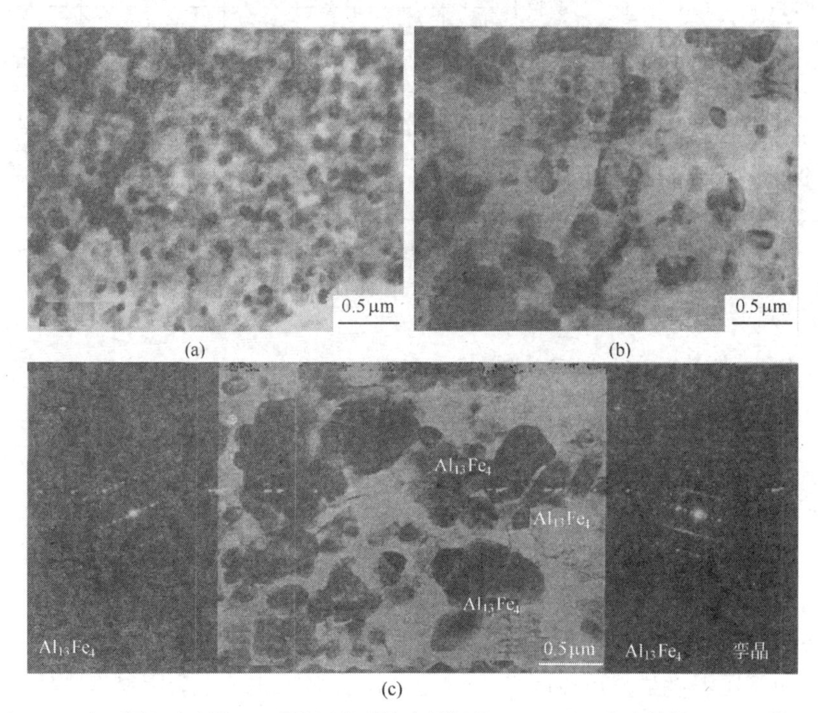

图 6-13　在不同温度预热 8h 后挤压成型的喷射沉积 Al-Fe-V-Si 合金管材 TEM 显微组织

（a）SPEG1，480℃挤压；（b）SPEG2，500℃挤压；（c）SPEG2，530℃挤压

挤压的 SPEG3 $Al_{12}(Fe, V)_3Si$ 颗粒粗化与聚集更为明显，甚至有少量的 θ-$Al_{13}Fe_4$ 粗块状相出现。

经不同挤压工艺成型喷射沉积 8009 耐热铝合金 $\phi_{外}$165mm 管材的力学性能见表 6-3，可见，与喷射沉积挤压棒材的情况相似，降低挤压温度，有利于改善喷射沉积管材室温、高温力学性能。挤压温度不宜高于 500℃。

表 6-3　挤压温度对喷射沉积 8009 耐热铝合金 $\phi_{外}$165mm 管材力学性能的影响

管材	挤压工艺条件			取向	室温力学性能（25℃）			高温力学性能（350℃）		
	挤压温度/℃	加热时间/h	挤压比		$\sigma_{0.2}$/MPa	σ_b/MPa	δ/MPa	$\sigma_{0.2}$/MPa	σ_b/MPa	δ/MPa
SPEG1	480±10	8	6.3	纵	394	425	7.6	170	192	8.0
				横	382	418	6.5	—	—	—
SPEG2	500±10	8	6.3	纵	370	413	9.2	160	181	10.2
				横	365	387	7.3			
SPEG3	530±10	8	6.3	纵	340	392	8.6	143	174	9.5
				横	329	379	8.0	—	—	—

注：国家“九·五”科技攻关项目的技术指标要求：室温 $\sigma_{0.2}\geqslant$300MPa，$\sigma_b\geqslant$350MPa，$\delta\geqslant$8.0；高温（350℃）$\sigma_{0.2}$=1801±20MPa，σ_b=200±20MPa。

6.4.2　加热时间与加热方式

快速凝固 Al-Fe-V-Si 合金的挤压需尽可能地选择较低的温度挤压，挤压温度不宜高于 500℃，以防组织粗化而导致材料性能下降。然而，实际挤压时，受挤压机能力的限制，快速凝固 Al-Fe-V-Si 合金挤压温度太低，会“挤不动”，而出现“闷车”现象，因此，由于高温变形抗力大，快速凝固 8009 耐热铝合金雾化粉末冷等静压管坯在 3500t 挤压机上挤压时挤压温度多被限制在 500℃附近，喷射沉积管坯的挤压温度虽然可以降低。但是，如前面所述，也会限制在 475℃以上。在如此高的温度下加热，显然，高温滞留时间对快凝 8009 耐热铝合金挤压制品组织性能的影响是不容忽略的。

图 6-14 为快凝雾化粉末 8009 耐热铝合金挤压管材的典型 TEM 显微组织。可见，480℃挤压的 PMEG 1 管材多为 a-Al+$Al_{12}(Fe,V)_3Si$ 颗粒的两相组织，$Al_{12}(Fe, V)_3Si$ 呈细小球形，弥散均匀分布在a-Al 基体上。500℃挤压的管材中，PMEG3 加热时间长，$Al_{12}(Fe, V)_3Si$ 明显粗化，并沿（亚）晶界聚集，颗粒大致呈网链状分布，甚至出现了粗块状 θ-$Al_{13}Fe_4$ 相颗粒，然而，相比之下，PMEG 2 的 $Al_{12}(Fe, V)_3Si$ 颗粒粗化、聚集也较为明显，但块状 θ-$Al_{13}Fe_4$ 相尺寸尚小，这可能是由于采用分级加热（表 6-4），减少了高温 500℃的滞留时间。

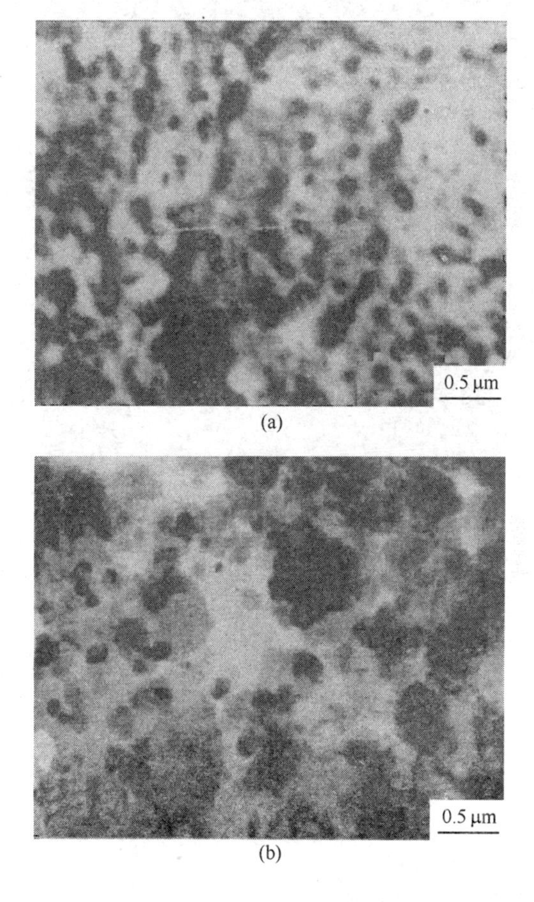

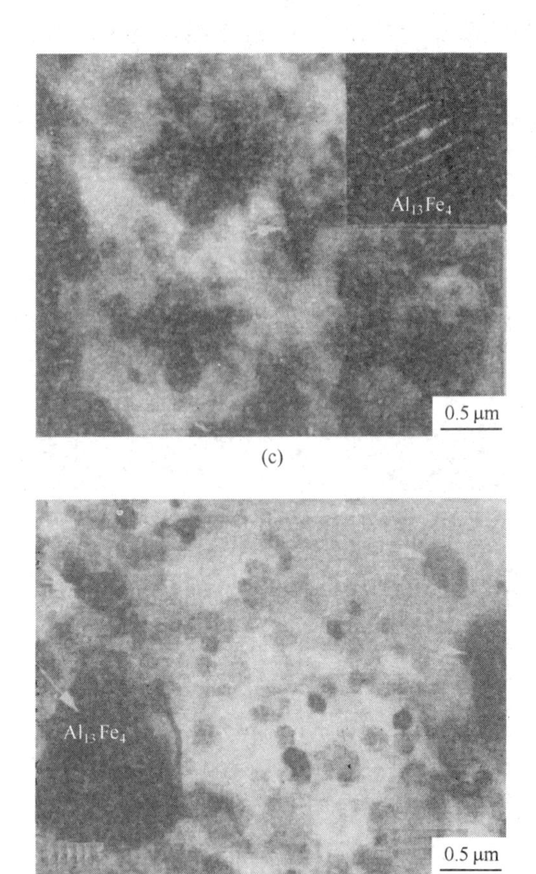

图 6-14　不同温度和加热时间挤压成型的快速凝固
8009 耐热铝合金管材 TEM 显微组织
(a) PMEG 1; (b) PMEG 2; (c, d) PMEG 3

图 6-15 为喷射沉积 8009 耐热铝合金挤压管材典型 TEM 显微组织。经分级加热后，470℃ 挤压的 SPEG4 和 500℃ 挤压的 SPEGS 的组织比 SPEGI 的细小，且沿（亚）晶界网状聚集不明显。可见，低温（400～450℃）长时而高温（挤压温度）短时的分级加热方式加热，可有效地减小 a-Al+$Al_{12}(Fe, V)_3Si$ 颗粒组织的粗化程度。

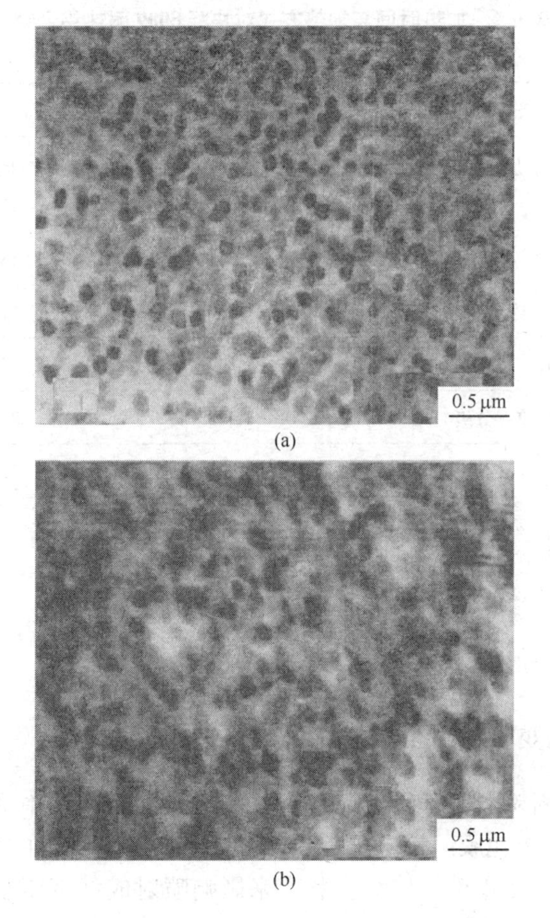

图 6-15 经不同温度和时间分级加热后挤压的
喷射沉积 Al-Fe-V-Si 合金管材 TEM 显微组织
（a）SPEG4；（b）SYEG5

快速凝固 Al-Fe-V-Si 合金雾化粉末冷等静压和喷射沉积管，经不同成型工艺制备的挤压管材力学性能见表 6-4，可见，快速凝固 Al-Fe-V-Si合金显微组织热稳定性高，加热时间的影响远不及挤压温度显著，但是，当挤压温度高时，加热时间过长的不良影响也是不容忽视的。缩短高温滞留时间有利于改善管材室温、高温力学性能。采用分级加热可起到缩短高温滞留时间的作用。

表 6-4 加热时间与加热方式对快凝 8009 耐热铝合金 $\phi_{外}$165mm 管材力学性能的影响

管材	挤压工艺条件			室温力学性能（25℃）			高温力学性能（350℃）		
	挤压温度/℃	加热时间①/h	挤压比	$\sigma_{0.2}$/MPa	σ_b/MPa	δ/MPa	$\sigma_{0.2}$/MPa	σ_b/MPa	δ/MPa
PMEG1	480±10	>16	8.0	314	381	3.7	168	182	3.1
PMEG2	500±10	约 6（级）③	8.0	305	360	4.5	154	170	3.8
PMEG3	500±10	>16	8.0	283	347	4.3	145	164	4.5
SPEG4②	470±10	2（分级）④	6.3	414	458	9.3	206	227	10.2
SPEG5②	500±10	1（分级）⑤	6.3	397	435	8.7	194	212	8.6

①分级加热，系最高温度保温时间。

②Fe、V、Si 含量为 AA8009 的成分上限值。

③分级加热制度：450℃加热 10h，500℃加热 6h。

④分级加热制度：420℃加热 8h，470℃加热 2h。

⑤分级加热制度：420℃加热 8h，470℃加热 2h，500℃加热 1h。

6.4.3 挤压变形系数与制品截面形状

快速凝固粉末表面存在氧化膜[14,15]，喷射沉积坯中形状各异的“粉末”间也氧化膜。挤压变形系数和制品横截面形状主要是通过改变粉末变形程度和粉末体结合状态来影响喷射成型挤压制品的力学性能。

如图 6-16 所示，喷射成型 Al-Fe-V-Si 合金在 480℃挤压（挤压比 $\lambda=6.3$）加工的 SPEG1 管材典型 TEM 显微组织。可见，挤压管中还存在着结合缺陷，残留未充分破碎的氧化膜碎片和原始粉末界面。故在其拉伸断口上，仍然可见主裂纹沿原始粉末界面低能扩展的痕迹，可以观察到垂直于主裂纹扩展面的二次裂纹，以及扩展台阶等，如图 6-17 所示。作为裂纹优先萌生源和低能扩展途径，呈点链状氧化膜碎片和弱结合的残留原始粉末界面使材料本征性能难以充分发挥，也使挤压管各向异性强烈。

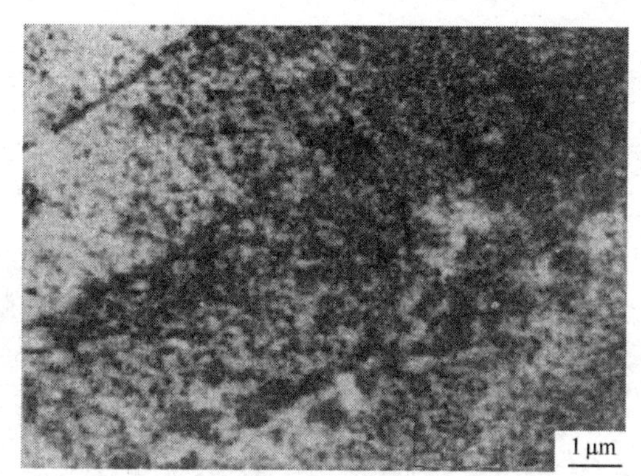

图 6-16　喷射成型 Al-Fe-V-Si 合金挤压（480 ℃，R_s=4.97）管的 TEM 组织

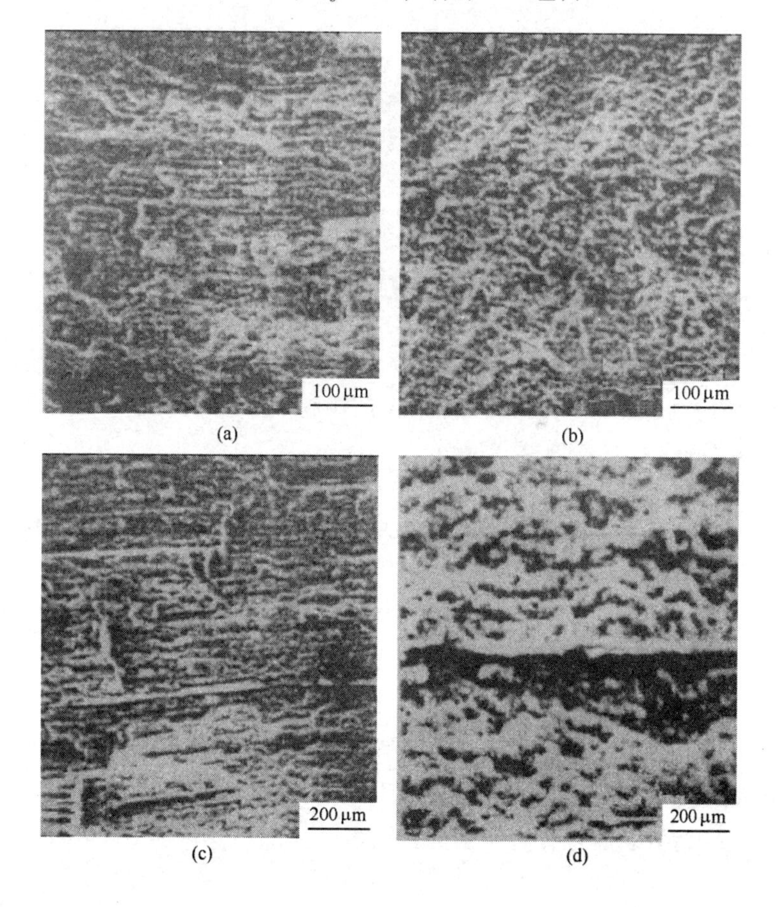

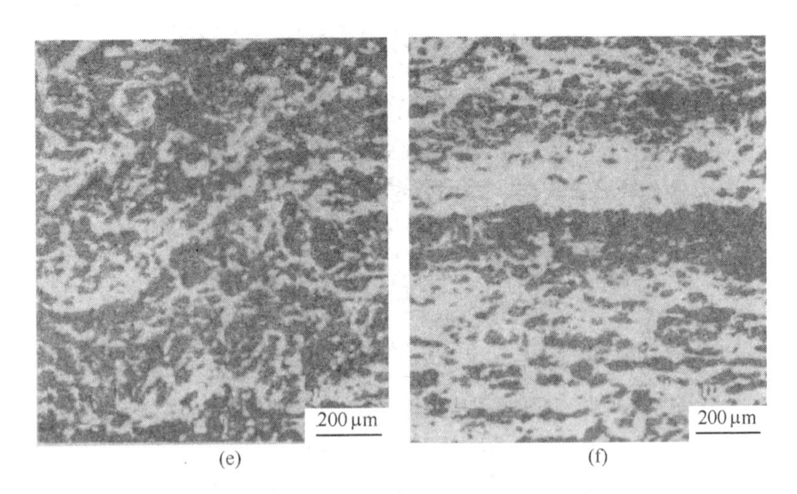

(e)　　(f)

图 6-17　喷射成型 8009 耐热铝合金 480±10℃
挤压（R_s=4.97）管 SPEGI 拉伸断口
(a)，(d) 室温纵向拉伸断口；(b)，(e) 高温纵向拉伸断口；
(c)，(f) 室温横向拉伸断口

6.5 本章小结

（1）材料在 420℃以下保温时，组织变化不大，当保温温度超过420℃时，合金中的一些第二相发生了明显的长大和粗化，因此材料的后续热加工温度不宜超过 420℃。

（2）利用喷射成型制备的 8009 耐热铝合金在 400℃保温 24h 后，合金的室温力学性能降低，高温性能没有发生明显的变化，表明材料具有良好的高温热稳定性。

（3）XRD 衍射物相分析表明，沉积态合金中，相组成主要为α-Al 和α-$Al_{12}(Fe, V)_3Si$ 相；在透射电镜下，可以看到合金中除了在基体上弥散分布着细小的α-$Al_{12}(Fe, V)_3Si$ 相外，还存在着少量呈球状、块状、条状、多边形等形状的第二相，研究结果表明这些相主要为 θ-$Al_{13}Fe_4$、Al_6Fe、Al_9FeSi_3、Al_8Fe_2Si。

（4）挤压态合金在室温下的抗拉强度（σ_b）达到了 415MPa，屈服强度（$\sigma_{0.2}$）达到了345MPa，塑性（δ_5）可达到22.5%；随着拉伸温度的升高，合金的拉伸强度和屈服强度都下降，而合金的塑性则呈现“下降-上升”的中温脆性规律[15]。

参考文献

[1] 马怀宪. 金属塑性加工学—挤压，拉拔与管材冷轧［M］. 北京：冶金工业出版社，1991：1~148

[2] Sheppard T, Zaidi M A. Hot extrusion of aluminum alloy［J］. Met. Sci., 1984, 18.（5）：236~247

[3] Sheppard T Temperature and speed effects in hot extrusion of aluminum alloy［J］. Metals Technology, 1981, 8（1）：130~141

[4] Llannidis E K, Marshall G J, Sheppard T. Microstructure and properties of extruded Al-6Mg-3Cr alloy prepared from rapidly solidified powder［J］. Materials Science and Technology., 1989, 5：56~64

[5] Laue K, Stenger H. Extrusion-Processes, Machinery, Tooling［J］. American Society for Metals, Metals Park, Ohio, 1981

[6] Wang Ricu, Li Wenxian, Li Songrui, et al. Effect of extrusion temperature on properties of Al-Fe-X alloy, Nonfer［J］. Met. Soc. China, 1994, 4（1）：97~100

[7] 曹乃光. 金属塑性加工原理［M］. 长沙：中南矿冶学院出版社，1984：175~180

[8] Liang Guoxian, Li Zhimin, Wang Erde, et al. Hot hydrostatic extrusion and microstructures of mechanically alloyed Al-4.9Fe-4.9Ni alloy［J］. Journal of Materials Processing Technology, 1995, 55（1）：37~42

[9] 中南大学教材，金属塑性加工力学［J］. 2000（9）：125~126

[10] 肖于德. 快速凝固AlFeVSi耐热铝合金组织性能及大规格材料制备工艺的研究［D］. 长沙：中南大学，2003：37

[11] Davies H A. Processing, properties and applications of rapidly solidified advanced alloy powders［J］. Powder Metallurgy, 1990, 33（3）：223~228

[12] Hariprasad S, Saotry S M L, Jerina K L, et al. Microstructures and mechanical properties of dispersion-strengthened high-temperature Al-8.5Fe-1.2V-1.7Si alloys produced by atomized melt deposition process［J］. Metallurgical Transactions A, 1993, 24（4）：865~873

[13] 詹美燕，陈振华，夏伟军. 喷射成形轧制工艺制备的FVS0812薄板的高温组织和力学性能［J］. 中国有色金属学报，2004，14（2）：1348~1352

[14] 于桂复，戴圣龙，侯淑娥，颜鸣幕. 快速凝固Al-Li合金粉末的除气作用［J］. 材料工程，1995，（5）：23~27

[15] 张荣华，张永安，朱宝宏，等. 挤压对喷射成形Al-8.5Fe-1.3V-1.7Si铝合金组织与性能的影响［J］. 材料导报，2013，27（7）：123~125

7 喷射成型8009耐热铝合金锻造致密化工艺研究

喷射成型 Al-Fe-V-Si 合金坯内含一定量的不规则孔洞和疏松等缺陷，沉积坯不能达到完全致密化，同时沉积坯还需加工成材，一般采用热挤压可以将致密化和成材结合起来。挤压过程为材料的变形提供了良好的条件，即较好的三向压应力，有利于材料内部孔隙的压合，阻止裂纹的生成与扩展，最大限度地发挥材料的塑性，但由于设备能力的限制，利用热挤压不可能获得大尺寸规格的致密毛坯件，使该材料的应用受到很大限制，因此必须采用锻造工艺才能满足最终毛坯件的尺寸要求。

7.1 锻造工艺的选择

锻造是金属生产中应用广泛的压力加工方法之一，它与快速凝固技术有机结合而形成的粉末冶金锻造工艺兼有两者的优点，不仅可以解决快凝坯件致密度低的缺点，同时也可以获得均匀细晶组织，显著提高锻造制品强度与塑性，而且具有材料利用率高、能耗小、成本低等优点[1,2]。

喷射沉积坯 Al-Fe-V-Si 锻造成型时，除了需通过塑性变形获得所需形状、尺寸外，还必须实现粉末体致密化和粉末间良性结合。然而，锻造过程中，随着高向压缩变形增大，锻坯逐渐成鼓形，鼓形外侧处于一压二拉应力状态[1~4]，极不利于粉末体致密化和粉末间结合，也不利于实现大高向变形量加工。因此，作为喷射成型 Al-Fe-V-Si 合金坯的致密化成型方法，与挤压相比，自由锻造可能有它自己的潜在劣势。

锻压过程中，坯件高度减小，直径增大，接触表面摩擦力沿径向

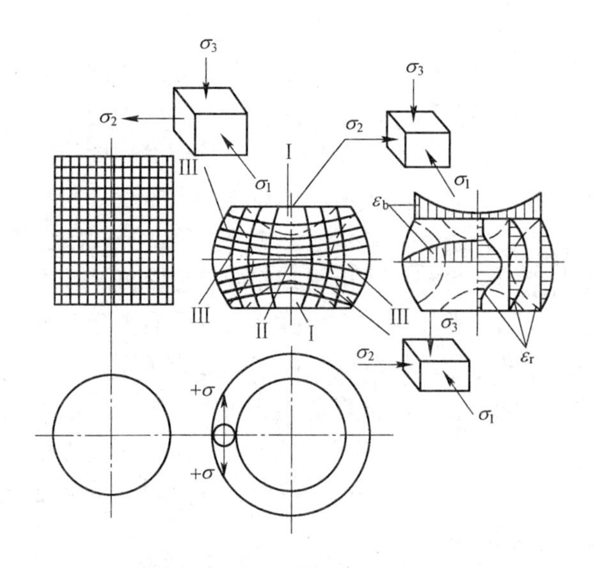

图 7-1 平砧间镦粗时材料的变形分布与应力状态

Ⅰ—难变形区；Ⅱ—大变形区；Ⅲ—小变形区

ε_b—轴向变形程度；ε_γ—径向变形程度

由边缘向中心逐渐增大，沿高向远离接触面逐渐递减，如图 7-1 所示，锻坯金属变形存在着不均匀性，金属沿着阻力最小的方向（或途径）流动，趋向于成为圆鼓形，形成应力应变状态各不相同的区域[1~4]：

自由锻过程中材料的应变及应力分布，沿坯料对称面可以分为 3 个区域：

区域 Ⅰ：难变形区，该区域受端面（坯料与工具的接触面）摩擦影响大，粉末体处于三向压应力状态，等静压力分量高，剪切应力分量低，应变呈三向压缩状态，粉末变形小，难以充分致密化，金属流动十分困难。

区域 Ⅱ：大变形区，高向受由 Ⅰ 区传递的锻造压力作用，径向与周向受封闭外端（Ⅲ 区）限制，亦处于三向压应力状态。但是，与 Ⅰ 区的应力状态相比，剪切应力分量增大，粉末体易致密化，也易变形而实现粉末间结合，该区域处于坯料中部，受摩擦影响小，有利于变形，变形量最大。

区域Ⅲ：小变形区，该区域介于Ⅰ区和Ⅱ区之间，锻坯逐渐发展成鼓，外周表面产生强烈环向拉应力，环向拉应力由侧表向心部逐渐减小。同时，鼓形外表曲面也受到与环向垂直的切向拉应力作用。该区处于一压二拉应力状态，极不利于粉末体致密化和粉末间结合。

由图 7-1 可以看出，坯料沿径向的变形要高于沿轴向的变形程度。坯料在自由锻造过程中，由于端面的温度降低和存在着摩擦，坯料内部变形不均匀，特别是难变形区，几乎没有发生变形；而大变形区变形充分，温度不但不会降低，由于热效应关系，反而会使温度有所上升，晶粒被破碎、孔洞被焊合，从而大大减少了沉积坯件的疏松等缺陷；由于Ⅱ区变形大，Ⅲ区变形小，Ⅱ区金属向外流动时便对Ⅲ区金属产生切向拉应力，如果这个拉应力超过材料的强度极限，就会在鼓肚外表面产生裂纹。

通过自由锻造材料中的缺陷难以达到完全消除，为了在一次锻造过程中提高材料的变形程度，消除材料中的缺陷，包套锻造之前，最好是先对材料采用热预压或热挤压一道，这样能提高材料的致密度，改善材料的性能。因此，喷射成型 Al-Fe-V-Si 合金坯需采用高温模压或模锻来加工成型，通过增加可塑性包套外端，或以模锻方式，限制锻坯外侧的自由变形。在本书的研究过程中，我们尝试采用“自由锻造”，“包套锻造”和“包套闷车+包套锻造”三种工艺致密化喷射成型 8009 耐热铝合金坯件，最终材料的致密化工艺选择“包套闷车+包套锻造”组合的工艺路线可以制备出所需的坯件。

7.2 工艺参数的确定

喷射成型 8009 耐热铝合金是热处理不可强化的，因此锻造工艺的好坏对材料的最后性能有决定性的影响。用喷射成型法制备的该合金坯料是一个非平衡亚稳组织，同时也是一个非连续致密体，因此该合金在热加工时会有过饱和固溶体脱溶、亚稳相α-$Al_{12}(Fe, V)_3Si$ 粗化与平衡化转变等。所以考虑到该合金的固溶、细晶、弥散强化等机理的要求，在锻造过程中，优化锻造工艺参数抑制第二相颗粒粗化和基体晶粒过分长大，防止有害平衡相 θ-$Al_{13}Fe_4$相产生及其长大，尽可能获得细小均匀的组织结构，并使基体充分结合，成为均质连续的致密体。包套锻造工艺包括包套的选择、加热温度、道次变形率以及加热时间等参数。

7.2.1 加热温度的确定

从图 4-8 沉积态合金在不同温度下保温 3h 后的显微组织照片可以看出，当保温温度超过 420℃后，原本弥散分布在基体上的球状耐热相发生了按一定"取向"排列的趋势，温度越高，这种趋势越明显，甚至会发生一定程度的粗化和长大。耐热相这种"取向"排列对于合金的性能是不利的，因为这种沿一定方向的排列的耐热相对位错的阻碍效果将不如弥散分布的效果明显，从而导致材料性能下降。因此，合金的加热温度不宜太高。

喷射成型 8009 耐热铝合金挤压闷车时，合金坯件采用中频感应加热，加热温度为 450℃，保温 5min。这是因为感应加热速度较快，加热不均匀，提高加热温度有利于合金坯件热透，同时由于加热时间短暂，材料中的高温不稳定相来不及长大或转变，对性能影响有限；闷车时保持压力为 19MPa（挤压机显示压力），保持时间 3min。

在锻造过程中，喷射成型 8009 耐热铝合金坯件采用电阻炉加热，保温 120min。保温时间较长，为了控制材料中的相长大，在条件允许的条件下，选用锻造温度为 400℃。

7.2.2 包套的选择

铝包套可以起到封闭外端的作用，约束锻坯侧表面自由变形，防止侧壁纵向开裂。另外，在镦粗触壁前，铝包套可以起保温和润滑的作用，改善锻造变形的均匀性。在这种变形情况下，剪切应力所能产生的剪切变形与等静压力所产生的压缩变形有机结合，有利于实现沉积坯的致密化。考虑到闷车的变形不太大，包套闷车材料选用 LY12 合金。在锻造过程中，铝的塑性好而强度低，外套在两向拉应力作用下会出现严重的侧翻现象，从而使得外套越变越薄，最终导致外套的开裂和内坯的迸裂，而采用在高温下具有强度高、塑性好的 45 钢恰恰克服这点不足。45钢具有以下几个优点：

(1) 45钢在400℃时的强度高于喷射成型8009耐热铝合金的强度，在400℃时能够保持足够的强度以束缚沉积坯件的热变形；

(2) 45钢的可锻性较好，在锻造过程中材料不会开裂，可以有效地束缚内部材料的变形；

(3) 45钢价格较低，采用45钢做外包套可以使成本降低。

图7-2为合金在经过带包套锻造后的照片。由图7-2可以看出，45碳钢钢套非常有效地约束了合金的变形。利用车加工去掉表面包套后，锻件表面未观察到开裂。

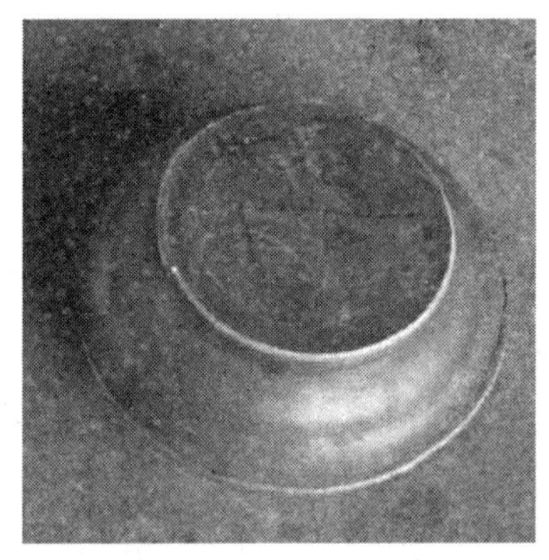

图7-2 带包套锻造后合金的形貌照片

7.3 试验结果与分析

7.3.1 锻件的金相组织

图7-3是经过自由锻的合金的金相组织照片。其中图7-3 (a) 是“包套闷车+包套锻造”合金的金相组织；图7-3 (b) 是“包套锻造”合金的显微组织；图7-3 (c) 是经过“自由锻造”合金的组织照片。经过比较可以发现，喷射成型8009耐热铝合金在直接“自由锻造”后，合金中含有一定数量的孔洞，合金未能达到很好的致密化；合金在“包套锻造”后，组织有了一定的改善，孔洞明显减少，致密化效果较好；合金在“包套闷车+包套锻造”后的组织的致密程

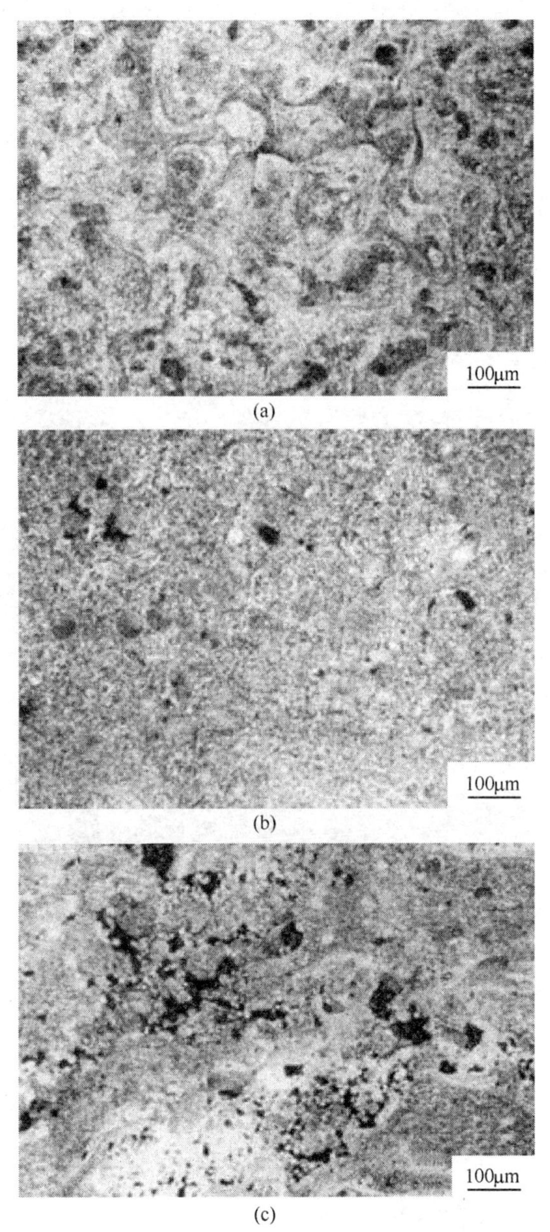

图 7-3 经不同方式锻造的合金金相照片

（a）闷车+包套锻造；（b）包套锻造；（c）自由锻造

度要远远高于其他两种方式，这也是造成材料性能差异的最直接也是最主要的原因。图 7-3（c）中大量孔洞缺陷一方面是因为自由锻造变形不充分，没有有效地消除疏松而造成的；另一方面，可能也和材料的制备有一定的关系，因为在喷射成形过程中，当气体压力与金属熔体质量流率的比值过高时，雾化锥内完全凝固的雾化液滴的百分含量增加，从而在沉积坯件中产生了大量的粉末颗粒堆积的现象，由于冷速过高，沉积坯件顶部的液相含量不足以填充粉末堆积后留下的孔隙，从而使得沉积坯件的相对密度下降，而在后续的自由锻造过程中很难完全消除。

7.3.2 锻件的 TEM 组织

图 7-4 为“闷车+包套锻造”锻件中第二相的 TEM 组织。可以看出，合金中的第二相尺寸细小，小于 100nm，主要呈球形分布在铝基体上，这些相为合金中的主要耐热强化相α-$Al_{12}(Fe, V)_3Si$。与沉积态合金中第二相相比，锻件中第二相的分布较密集，尺寸均匀、细小，沉积态合金中的粗大第二相被压碎，合金的组织得到细化。

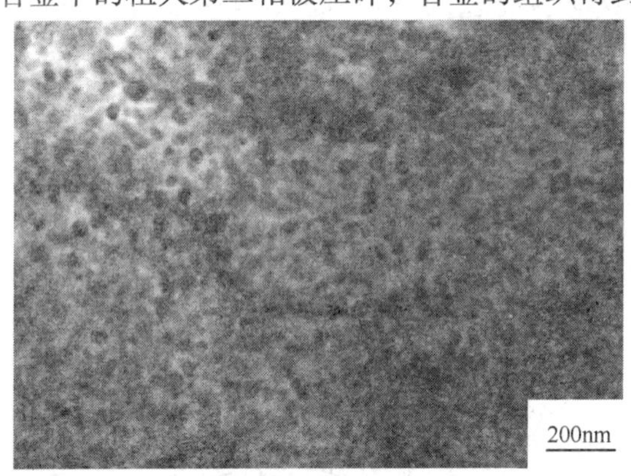

图 7-4 “闷车+包套锻造”锻件中第二相的 TEM 照片

图 7-5 为“闷车+包套锻造”锻件的 TEM 组织。可以看出，合金中的第二相主要呈球状分布在铝基体上，合金在经过锻造以后，晶粒破碎，晶界不规则。

7.3.3 锻件的力学性能

表 7-1 是不同锻造工艺条件下锻件的力学性能测试结果。

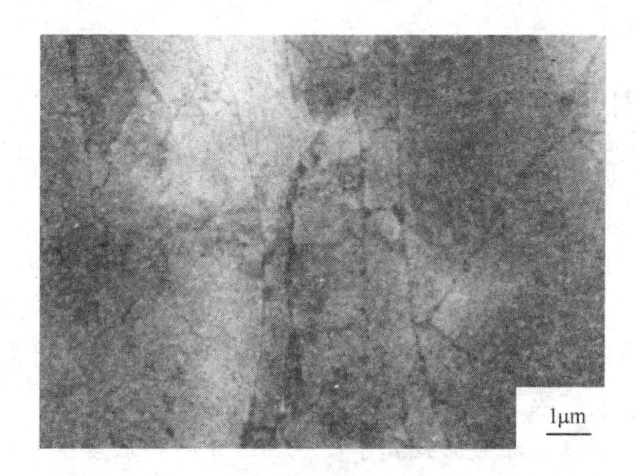

图 7-5 “闷车+包套锻造”锻件的 TEM 照片

表 7-1 不同锻造工艺条件下锻件的力学性能

编号	力学性能（室温）			力学性能（250℃）			力学性能（315℃）		
	σ_b /MPa	$\sigma_{0.2}$ /MPa	δ_5 /%	σ_b /MPa	$\sigma_{0.2}$ /MPa	δ_5 /%	σ_b /MPa	$\sigma_{0.2}$ /MPa	δ_5 /%
1号	190	—	1.3	164	—	1.5	125	—	2.7
2号	275	209	3.5	164	145	4.8	134	115	5.7
3号	407	344	7.6	250	243	6.0	222	216	7.2

对“包套闷车+包套锻造”锻件（3号）、“包套锻造”锻件（2号）和“自由锻造”锻件（1号）的力学性能测试结果进行比较。可以看到，“包套闷车+包套锻造”锻件在室温下的抗拉强度达到407 MPa，比“自由锻造”和“包套锻造”合金的强度分别高出217MPa和132MPa，合金的伸长率达到7.6%，比“自由锻造”和“包套锻造”合金的伸长率分别高出5.3%和4.1%。在250℃和315℃的高温条件下，“包套闷车+包套锻造”锻件的力学性能均比自由锻造和包套锻造合金有明显的提高。所以，“包套闷车+包套锻造”锻件无论在室温还是在高温下都具有较高的拉伸强度和伸长率。很明显，经过“包套闷车+包套锻造”后，合金的致密化程度远远高于“自由锻造”和“包套锻造”合金，大量孔洞的消失使材料的性能高于其他两种锻造工艺锻件的性能，该工艺能制备出性能优良的大尺寸

的耐热铝合金材料。

7.3.4　锻件的断口分析

图 7-6 是不同热变形加工状态下的合金拉伸断口形貌。其中，图 7-6（a）、（b）是“包套闷车+包套锻造”锻件的拉伸断口；图 7-6（c）、（d）是“包套锻造”锻件的拉伸断口；图 7-6（e）、（f）是“自由锻造”锻件的拉伸断口。通过比较可以发现，“包套闷车+包套锻造”锻件断口中孔洞很少，颗粒细小，表明该工艺可以很好地将合金中的较大的第二相破碎，合金得到了有效的致密化，拉伸断口存在着大量的韧窝，断裂方式属于韧性断裂，材料表现出较好的力学性能；“包套锻造”锻件的锻口中有少量的孔洞，颗粒粗大，致密化程

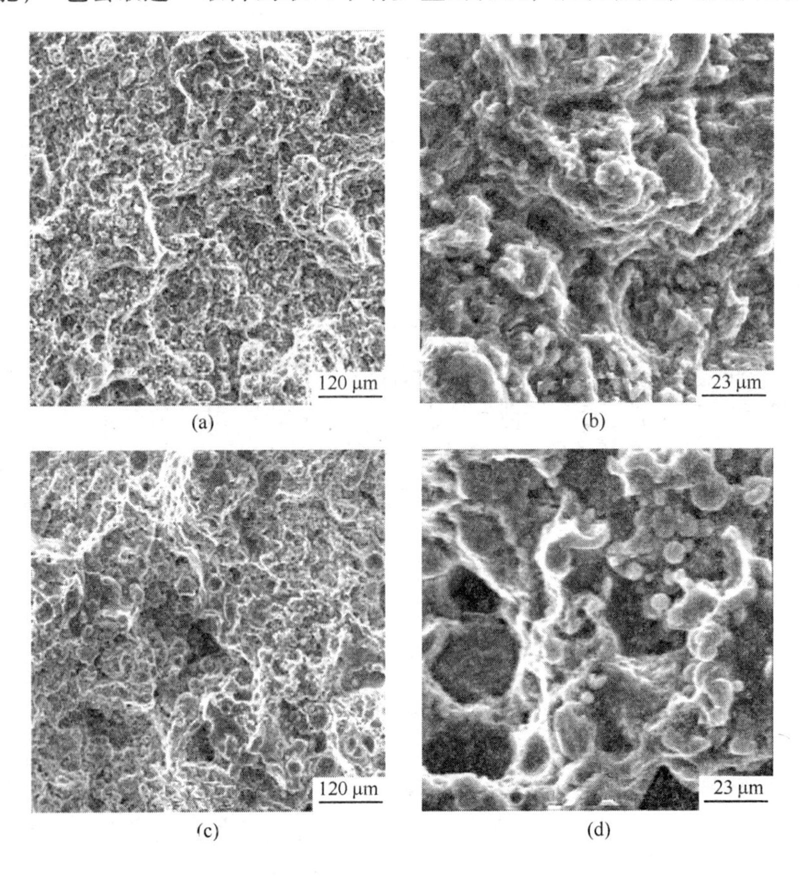

(a)　(b)

(c)　(d)

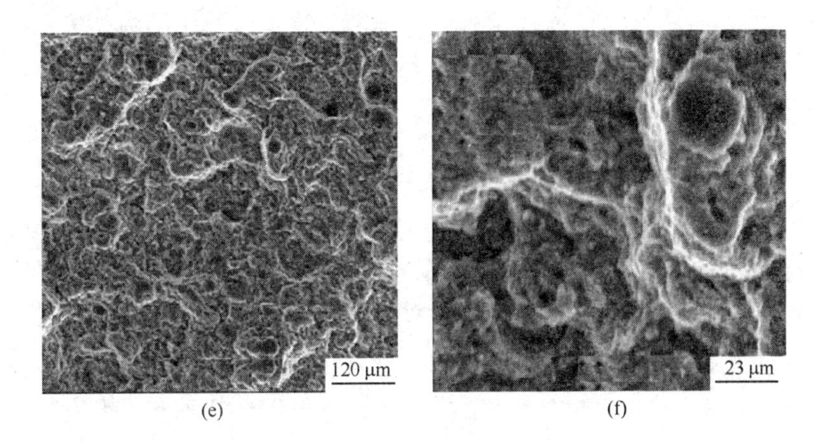

图 7-6 不同锻造状态下的合金拉伸断口形貌

(a)，(b) —“闷车+包套锻造”；(c)，(d) —“包套锻造”；(e)，(f) —“自由锻造”

度不好；“自由锻造”锻件的锻口中含有较多的孔洞，致密化效果最差。在后两种锻件中，断口上呈现出大量的“拉断平台”，因此合金性能要低于第一种合金。

7.3.5 锻件的相对密度

表 7-2 是合金经过不同致密化加工后材料的相对密度比较。可以看出，沉积态合金的原始致密为 95%；合金在闷车以后相对密度达到了 97%，材料内部的孔洞和疏松得到了有效的压缩，材料的相对密度接近理论密度，但是合金中的缺陷还未完全焊合，当材料在受到外力时，未焊合的缺陷将会成为应力集中源，大大降低了材料的性能；

表 7-2 喷射成型 8009 耐热铝合金经不同致密化工艺后的相对密度 (%)

致密化工艺	相对密度
沉积态	95
闷 车	97
挤 压	99
自由锻造	99
包套闷车+包套锻造	99

经过挤压、锻造后合金的相对密度达到99%，材料中的疏松等缺陷得到很好的焊合，材料的性能也得到提高。

7.4 本章小结

（1）采用“闷车+包套锻造”工艺致密化喷射成型8009耐热铝合金可以制备出综合性能良好的材料。

（2）“闷车+包套锻造”工艺对喷射成型8009耐热铝合金坯件的致密化效果好于用自由锻造和包套锻造致密化的合金，采用该工艺可获得高性能的合金材料。“闷车+包套锻造”锻件在室温下的抗拉强度（σ_b）达到407MPa，屈服强度（$\sigma_{0.2}$）达到344MPa，伸长率（δ_5）为7.6%；在315℃，锻件的σ_b、$\sigma_{0.2}$、δ_5分别为222MPa、216MPa、7.2%。

参考文献

[1] 苏玉芹. 金属塑性变形原理［M］. 北京：冶金工业出版社，1995：172~212

[2] 王占学. 塑性加工金属学［M］. 北京：冶金工业出版社，1991：64 ~146

[3] 詹艳燃，王仲仁. 镦粗过程中塑性变形的发生与发展［J］. 金属成型工艺，1998，16（15）：36 ~38

[4] 刘元文. 用平衡微分方程求解圆柱体粗糙平板间不均匀镦粗的鼓形方程［J］. 金属成型工艺，1994，12（1）：36 ~38

[5] 张荣华，刘雅政，张永安，等. 锻造对喷射成形 Al-8. 5Fe-1. 3V-1. 7Si 合金组织和性能的影响［J］. 稀有金属，2006，30（2）：255~258